高等职业教育消防类专业系列教材

建筑消防设备安装与调试

主　编　蓝美娟　赵　宇

副主编　倪旭萍　于斌山

参　编　赵春福　梁　凯　刘晓霞

机 械 工 业 出 版 社

本书以建筑消防安全设备相关规范为依据，精心选择适合高职院校教学的项目案例为编写逻辑主线，通过“任务描述—任务实施—评价反馈”的项目—任务编写模式，详细讲解了建筑消防设备（包括水系统设备、防烟排烟系统设备、火灾自动报警系统设备、灭火器等）的认识、安装、调试与检测。本书共十个项目：建筑消防设备基础知识，消防给水及消火栓系统安装与调试检测，自动喷水灭火系统安装与调试检测，气体与泡沫灭火系统安装与调试检测，防烟排烟系统安装与调试检测，火灾自动报警系统安装与调试检测，消防应急照明和疏散指示系统安装与调试检测，防火分隔设施安装与调试检测，消防供配电选择，灭火器选择、配置与检查。

本书可作为高职高专院校建筑消防技术、建筑智能化工程技术、建筑设备工程技术、建设工程管理等专业教材，也可作为相关专业应用型本科、成人教育、行业技术技能证书和岗位培训教材，以及建筑工程技术从业人员的自学参考用书。

为便于学校教学以及读者自学，本书配套了检测工具附件、习题及答案、PPT 电子课件和微课视频。凡使用本书作为授课教材的教师，均可登录 www.cmpedu.com 注册，下载配套资源。如有疑问，请拨打编辑电话 010-88379373。

图书在版编目（CIP）数据

建筑消防设备安装与调试／蓝美娟，赵宇主编．—北京：机械工业出版社，2022.6（2024.9 重印）
高等职业教育消防类专业系列教材
ISBN 978-7-111-70737-0

Ⅰ.①建… Ⅱ.①蓝… ②赵… Ⅲ.①建筑物-消防设备-设备安装-高等职业教育-教材 ②建筑物-消防设备-调试方法-高等职业教育-教材 Ⅳ.①TU998.13

中国版本图书馆 CIP 数据核字（2022）第 076268 号

机械工业出版社（北京市百万庄大街 22 号　邮政编码 100037）
策划编辑：陈紫青　　　　责任编辑：陈紫青
责任校对：梁　静　王明欣　封面设计：马精明
责任印制：常天培
北京铭成印刷有限公司印刷
2024 年 9 月第 1 版第 5 次印刷
184mm×260mm · 11 印张 · 271 千字
标准书号：ISBN 978-7-111-70737-0
定价：35.00 元

电话服务　　　　　　　　网络服务
客服电话：010-88361066　机　工　官　网：www.cmpbook.com
　　　　　010-88379833　机　工　官　博：weibo.com/cmp1952
　　　　　010-68326294　金　书　网：www.golden-book.com
封底无防伪标均为盗版　机工教育服务网：www.cmpedu.com

前言

随着社会经济的发展，我国城镇化水平不断提升，为消防行业的发展创造了重要契机，市场上对消防产品的需求不断扩大。在此背景下，对消防工程设计、施工、运行维护方面的人才需求大大增加，对从业人员的知识积累、技术技能提升也提出了更高的要求。

本书按照职业教育教学改革要求，结合现行国家标准规范，在校企合作与工程实践的基础上按项目教学、任务引领的思路进行编写。本书从建筑消防设备的工程应用实际出发，以项目为导向，以任务为驱动，以学生职业技能培养为主线。通过完成项目和任务，学生可以将理论知识与实践操作进行有机结合，以便尽快掌握消防设备调试与检测的操作方法。

本书特点如下。

1. 校企“双元”合作开发

本书为校企“双元”合作开发教材，企业人员参与了编审，使教材更具有实践参考价值，符合岗位技术技能需求。

2. 项目—任务编写模式

每个项目以任务为导向，均有实践任务，增强了可操作性，可培养学生的动手能力。

3. 融入职业素养提升要点

每个项目教学设计环节均加入了职业素养提升要点，将德育融入专业课程中。

4. 配套信息化资源

书中配套了微课视频，对知识难点进行讲解，使学生能更快、更直观地理解与掌握；此外，为方便教学，本书还配有检测工具附件、习题及答案等。

本书由浙江安防职业技术学院、重庆安全技术职业学院、湄洲湾职业技术学院、青海建筑职业技术学院以及温州市铁路与轨道交通投资集团有限公司运营分公司的教师、专家联合组织编写。其中，项目一～三由浙江安防职业技术学院蓝美娟编写；项目四和项目七由浙江安防职业技术学院梁凯编写；项目五由青海建筑职业技术学院赵春福编写；项目六由浙江安防职业技术学院倪旭萍编写；项目八由重庆安全技术职业学院赵宇编写；项目九由温州市铁路与轨道交通投资集团有限公司运营分公司于斌山编写；项目十由湄洲湾职业技术学院刘晓霞编写。此外，教材编写过程中也得到了浙江信达可恩消防实业有限责任公司、浙江泰鸽安全技术有限公司、洪恩流体科技有限公司以及海湾消防设备有限公司等许多施工设计单位和生产厂商的支持和帮助，同时参考了众多工程技术书籍和资料；本书的出版得到了出版社的大力支持，在此一并表示感谢。

由于编者水平有限，书中难免有疏漏和不足之处，敬请读者批评指正。

编　者

2021 年 7 月 25 日

二维码视频列表

目　录

05 项目五 防烟排烟系统安装与调试检测

06 项目六 火灾自动报警系统安装与调试检测

07 项目七 消防应急照明和疏散指示系统安装与调试检测

08 项目八 防火分隔设施安装与调试检测

09 项目九 消防供配电选择

10 项目十 灭火器选择、配置与检查

参考文献

项目一

建筑消防设备基础知识

项目概述

本项目的主要内容是认识消防系统的组成和作用、建筑消防系统的选择、消防控制室的布置，以及消防设备的识别与操作。

教学目标

1. 知识目标

认识建筑消防设备的组成及作用，了解消防设备质量控制，掌握消防控制室设备及其管理要求。

2. 技能目标

学会绘制消防控制室设备单面布置图和双面布置图，对消防控制室中的设备主机进行判别及手/自动切换操作。

职业素养提升要点

我国建筑体量较大，需要时刻坚持“保一方平安”的理念。在建筑消防设备选择中，将必需的消防设备配置到位，保护生命安全和财产安全。

任务一　认识建筑消防设备

任务描述

对于不同的建筑（普通民用建筑或者工业建筑），需要的消防设备也不同。本任务的主要内容是认识不同类型建筑的消防设备选择，以及不同消防设备的组成。

任务实施

认识消防设备

一、消防系统的组成及作用

1. 消防系统的组成

消防系统主要由两大部分构成：一部分为感应机构，即火灾自动报警系统；另一部分为执行机构，即消防联动控制系统，包括自动灭火控制系统、辅助灭火或避难指示系统，如图 1-1和图 1-2 所示。

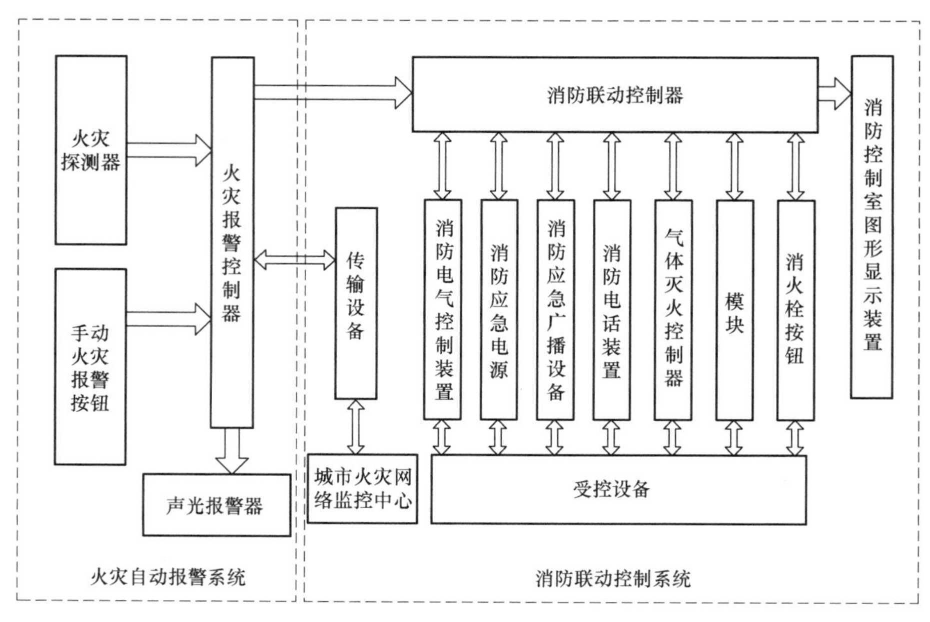

图 1-1　消防系统结构原理图

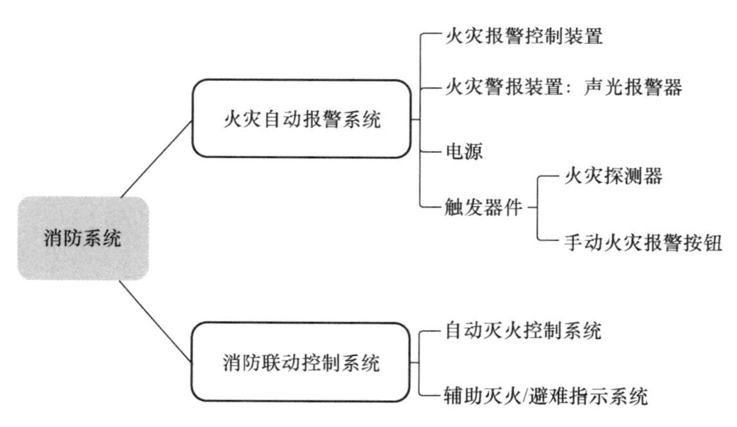

图 1-2　消防系统的组成

2. 火灾报警控制器、消防联动控制器的组成及组件的相关作用

由图 1-2 可知，火灾自动报警系统由触发器件（包括火灾探测器和手动火灾报警按钮）、火灾警报装置（包含声光警报器）、火灾报警控制装置及电源组成，以探测火情并及时发出警报。《火灾自动报警系统设计规范》（GB 50116—2013）对于消防联动控制的内容、功能以及方式有明确的规定。消防联动控制系统是在火灾的条件下，控制固定灭火防火设施、消防通信及广播、事故照明及疏散指示控制器、消防电气控制装置、消防应急电源、消防应急广播设备、消防电话、消防控制室图形显示装置、消防电动装置、消火栓按钮等全部或部分设备。其中，消防联动控制器是消防系统的重要组成设备，主要功能是接受火灾报警控制器的火灾报警信号或其他触发器件（手动报警按钮）的信号，根据设定的控制逻辑发

出信号，控制各类消防设备实现相应功能。消防联动控制器和火灾报警控制器可以组成一台设备，称为火灾报警控制器（联动型）。

总之，消防系统的功能是自动捕捉火灾探测区域内火灾发生时的烟、温、光等物理量，发出声光报警并控制相关防火设施和自动灭火系统，同时联动其他设备的输出接点，控制火灾应急照明和安全疏散指示标志、事故广播及通信、消防给水和防排烟设施，以实现监测、报警和灭火的自动化目的。此外，当前的系统在智慧消防系统的引入后，还能实现向城市、通信设备和地区消防队发出救灾请求和相关报警，进行通信联络。

二、建筑消防系统选择

【例 1-1】 某建筑高度为 52m 的写字楼，地上 17 层，地下 1 层，建筑首层为底商，2 ~ 3 层为幼儿活动中心，4 层至顶层为办公写字楼，每层办公面积为 $2000m^2$。幼儿园设计为 6 个班，每个班设计人数为 30 人。幼儿园与写字楼装修均采用符合规范要求的材料。地下一层为汽车库和设备用房，其中汽车库建筑面积为 $1200m^2$，设备用房面积为 $800m^2$。试判断该建筑可能在投入使用前应具备哪些消防设备设施?

【解析】

（1）判定建筑的使用功能　该建筑既有写字楼，又有商业建筑，因此为公共建筑。

（2）根据使用功能及相应的面积，查阅《建筑设计防火规范》(2018 年版)(GB 50016—2014)，选择相应的消防设备设施　该建筑应设置室内外消火栓系统、自动喷水灭火系统、火灾自动报警系统、防烟排烟系统、消防应急照明及疏散指示系统、灭火器等消防设备设施。

评价反馈

对建筑消防设备设施识别及选择的评价反馈见表 1-1（分小组布置任务）。

表 1-1　对建筑消防设备设施识别及选择的评价反馈

序号	检测项目	评价任务及权重	自评	小组互评	教师评价
1	消防设备设施阐述的完整性	消防设备设施阐述是否完整，缺少 1 项扣 2 分（共 10 分）			
2	相关组件作用阐述的正确性	相关组件作用阐述是否正确，1 项不正确扣 2 分（共 10 分）			
3	建筑消防设备设施选择的完整性	建筑消防设备设施选择阐述是否完整，缺少 1 项扣 5 分（共 30 分）			
4	建筑消防设备设施选择的正确性	建筑消防设备设施选择是否正确，1 项不正确扣 5 分（共 30 分）			
5	完成时间	规定时间内没完成者，每超过 2min 扣 2 分（共 10 分）			
6	工作纪律和态度	团队协作能力差，不爱护设备和环境，纪律差者，酌情扣 5 ~ 10 分（共 10 分）			
任务总评	优(90 ~ 100)□　良(80 ~ 90)□　中(70 ~ 80)□　合格(60 ~ 70)□　不合格(小于 60)□				

任务二 消防控制室布置、设备识别及操作

任务描述

根据规范规定，消防控制室的布置需要满足一定的要求。本任务的主要内容是绘制消防控制室设备单面布置图和双面布置图，识别消防控制室中设备主机的图形显示，并进行手/自动切换操作。

任务实施

一、消防控制室布置

消防控制室至少需要设置火灾报警控制器、消防联动控制器、消防控制室图形显示装置、消防电话总机、消防应急广播控制装置、消防应急照明和疏散指示系统控制装置、消防电源监控器等设备，或者设置具有相应功能的组合设备。消防控制室的位置，应符合下列要求。

1）消防控制室应设置在建筑物的首层或地下一层。当设在首层时，应有直通室外的安全出口；当设置在地下一层时，距通往室外的安全出入口不应大于20m，且均应有明显标志。

2）应设在交通方便和消防人员容易找到并可以接近的部位。

3）应设在发生火灾时不易燃烧的部位。

4）宜与防灾监控、广播、通信设施等用房相邻近。

5）消防控制室不应设置在电磁场干扰较强及其他影响消防控制室设备工作的设备用房附近。

消防控制室的设备布置如图1-3和图1-4所示。

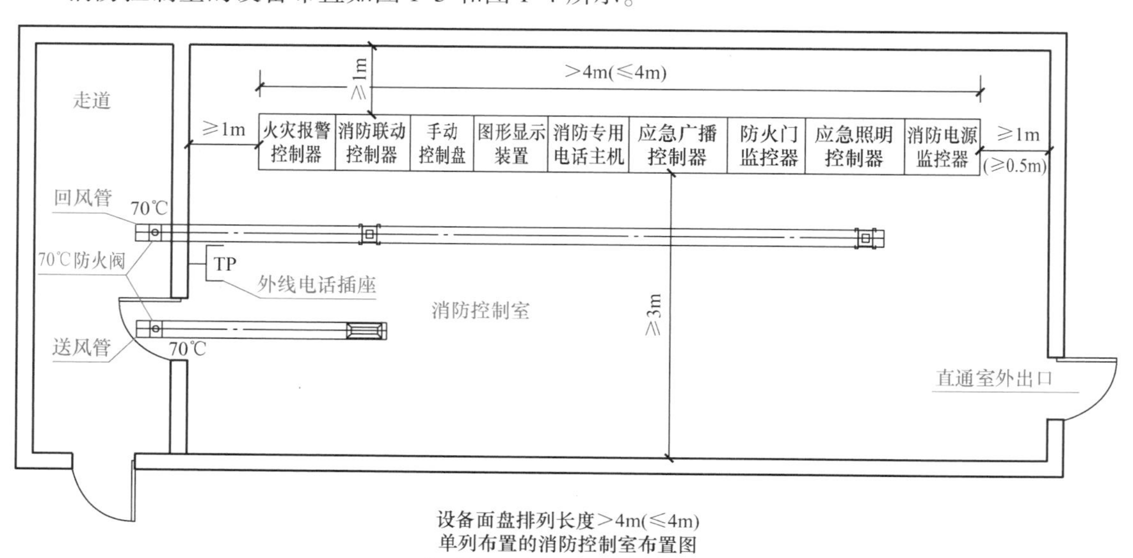

图1-3 单列布置的消防控制室布置图

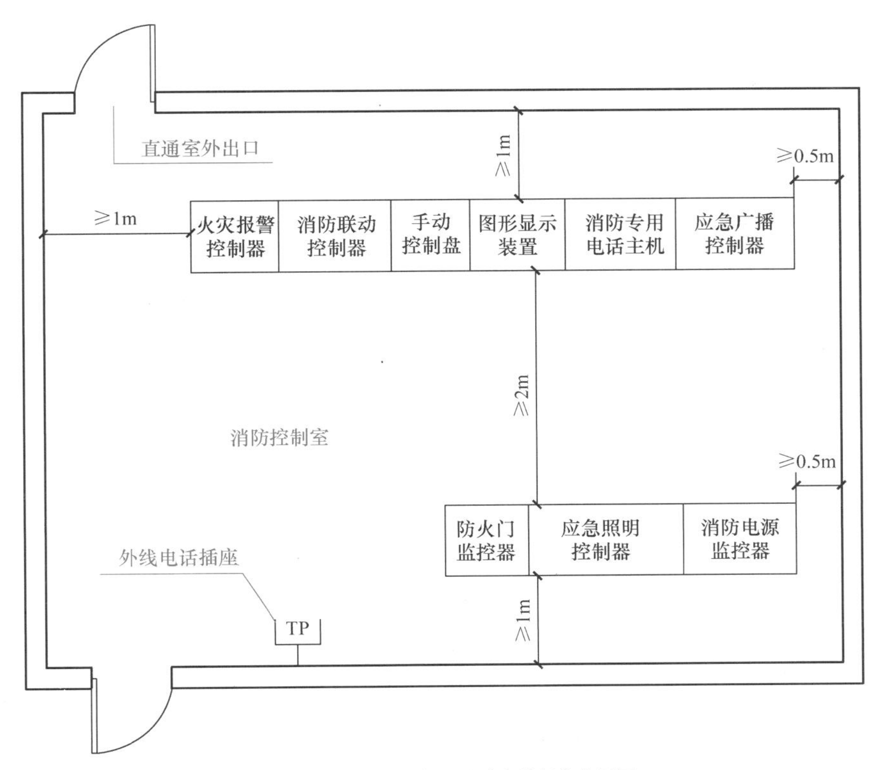

图 1-4 双列布置的消防控制室布置图

二、设备识别及操作

1. 消防控制室设备识别

识别火灾报警控制器、消防联动控制器（总线制手动消防启动盘、多线制控制盘）、消防电话主机、消防广播系统。消防联动控制器如图 1-5 所示。

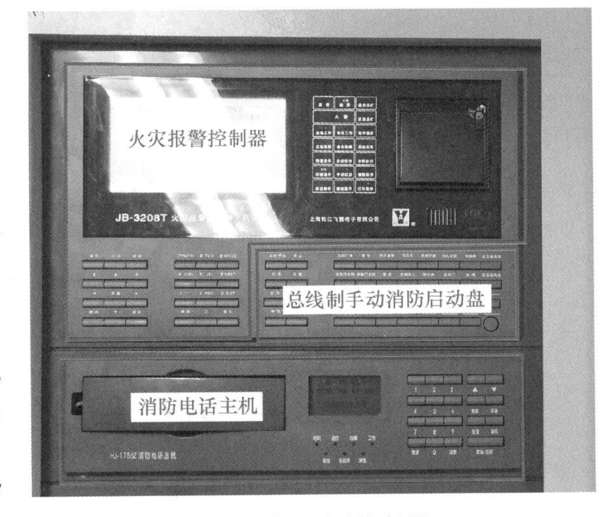

图 1-5 消防联动控制器

2. 判断火灾自动报警系统工作状态

操作面板指示灯工作状态如图 1-6 所示。

3. 检查火灾自动报警系统控制器的电源工作状态

消防控制室主机电源工作状态如图 1-7 所示。

4. 区分集中火灾报警控制器的火警、联动、监管、隔离和故障报警信号

（1）火灾报警状态

1）指示灯颜色。“火警”灯（红色）点亮。

2）声响音调。消防车声。

3）液晶屏。显示的是火警信息。

□ 面板指示灯区：

- 红色表示火灾报警状态、监管状态、向火灾报警传输设备传输信号和向消防联动设备输出控制信号。
- 黄色表示故障、屏蔽、自检状态。
- 绿色表示电源工作状态。

主电工作 Power (绿色)使用主电源工作时点亮

备电工作 Battery (绿色)使用备用电源工作时点亮

火警指示 Fire (红色)探测器发生火警后点亮

反馈指示 Respond (红色)控制模块收到联动设备反馈时点亮

图 1-6 操作面板指示灯工作状态

（2）故障报警状态

1）指示灯。“故障”灯（黄色）点亮。

2）声响音调。救护车声。

3）液晶屏。显示的是故障信息。

5. 确定报警位置

通过集中火灾报警控制器、消防联动控制器和消防控制室图形显示装置查看报警信息，确定报警位置。火灾报警控制器（联动型）显示状态如图 1-8 所示。

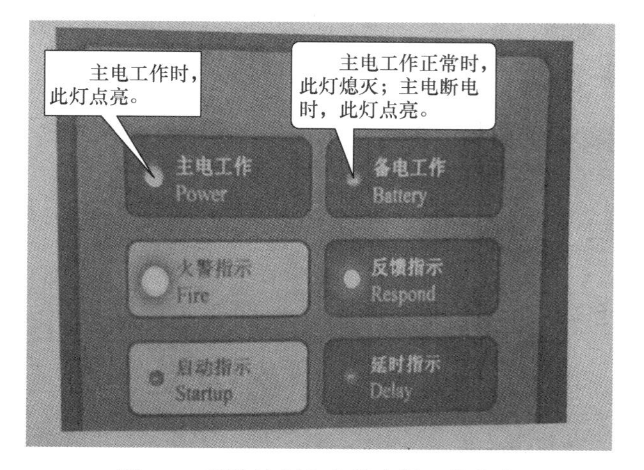

图 1-7 消防控制室主机电源工作状态

1）先看指示灯，指示灯亮，证明有信息；如果没亮，直接回答没有信息。

2）指示灯亮，再从液晶屏上查看详细信息。

3）如果液晶屏上看不到信息，选择“编程”→输入密码→查看系统信息→退出。

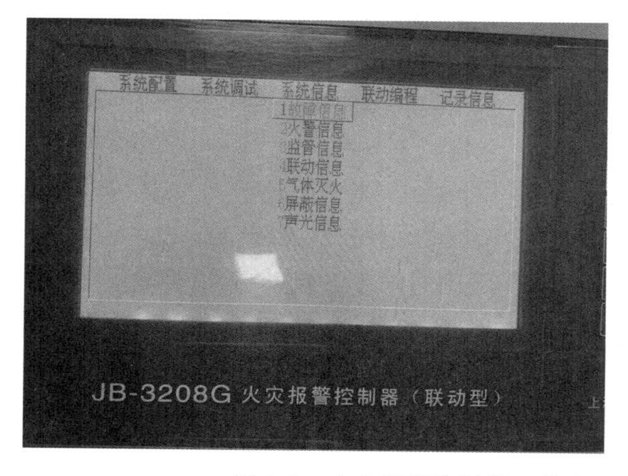

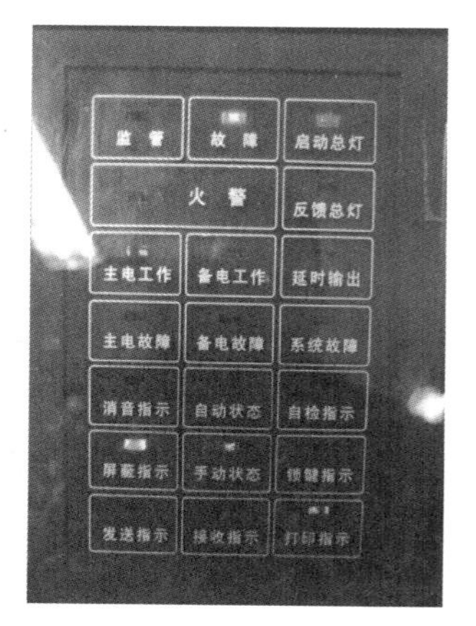

图 1-8 火灾报警控制器（联动型）显示状态

6. 切换集中火灾报警控制器、消防联动控制器的工作状态

集中火灾报警控制器手/自动状态切换如图 1-9 和图 1-10 所示。

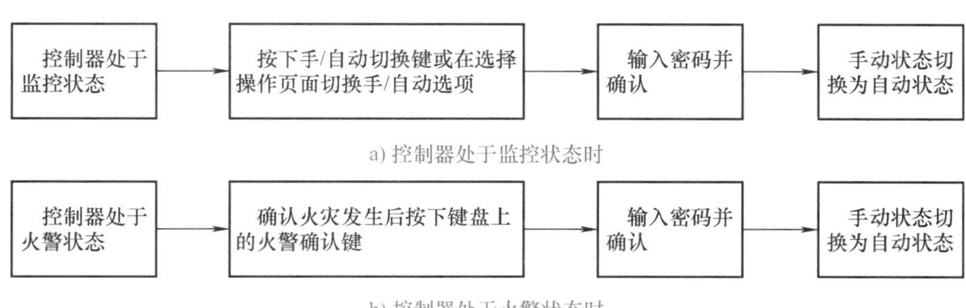

图 1-9　集中火灾报警控制器手动转自动流程图

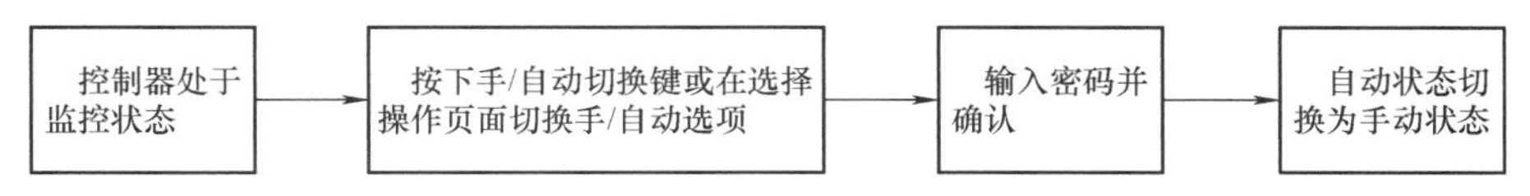

图 1-10　集中火灾报警控制器自动转手动流程图

7. 查询历史记录

通过集中火灾报警控制器、消防控制室图形显示装置查询历史信息，如图 1-11 所示。

1）按“编程”键，输入密码。

2）利用方向键切换至第五列“记录信息”，查找相应的信息记录。

3）查询完毕后退出。

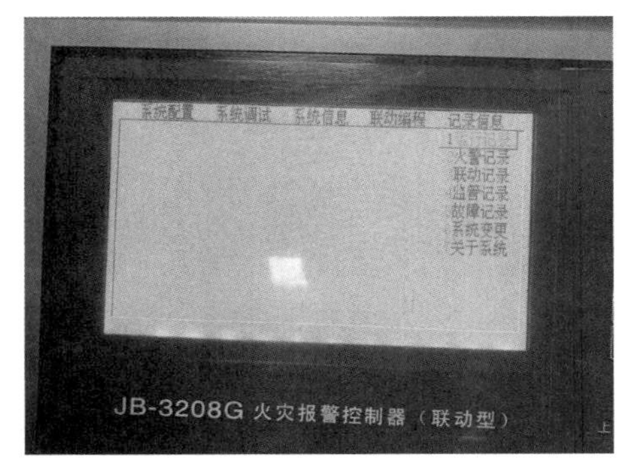

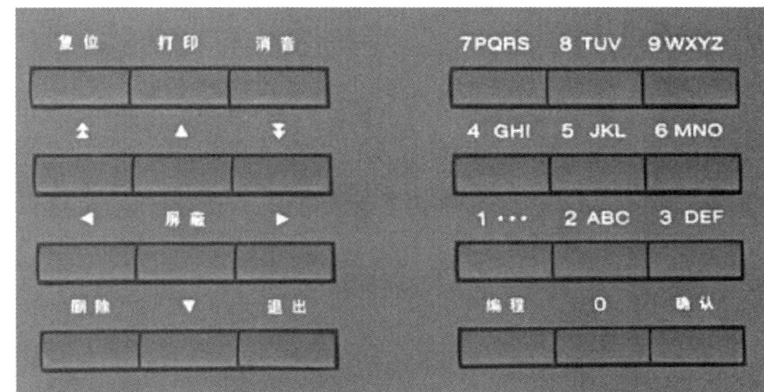

图 1-11　查询历史记录

评价反馈

对消防控制室布置、设备识别及操作的评价反馈见表 1-2（分小组布置任务）。

表 1-2　对消防控制室布置、设备识别及操作的评价反馈

序号	检测项目	评价任务及权重	自评	小组互评	教师评价
1	消防控制室布置的正确性	消防控制室布置是否正确，错误 1 项扣 5 分（共 40 分）			

（续）

序号	检测项目	评价任务及权重	自评	小组互评	教师评价
2	消防联动控制器和消防控制室图形显示装置、显示状态、手/自动切换判断正确性	消防联动控制器和消防控制室图形显示装置、显示状态、手/自动切换判断是否正确，1项不正确扣5分（共40分）			
3	完成时间	规定时间内没完成者，每超过2min扣2分（共10分）			
4	工作纪律和态度	团队协作能力差，不爱护设备和环境，纪律差者，酌情扣5~10分（共10分）			
任务总评	优(90~100)□　良(80~90)□　中(70~80)□　合格(60~70)□　不合格(小于60)□				

项目二

消防给水及消火栓系统安装与调试检测

项目概述

本项目的主要内容是认识消防水池、消防水箱的设置要求，绘制简单设计图，并根据图样阐述消防泵、喷淋泵的启动过程及安装要求，完成消防水泵的联动调试；计算水泵接合器电接点压力，完成消火栓系统的调试检测。

教学目标

1. 知识目标

认识消防灭火系统的组成及分类，掌握消防给水系统附件的安装调试方法，掌握消火栓分类及安装调试检测方法。

2. 技能目标

能够正确选用消防给水系统附件、消火栓等设备，并能进行安装，学会消防水系统构件及系统的调试。

职业素养提升要点

消防给水系统是消防设备的“命脉”之一，只有保证消防给水系统的完好有效，才能在火灾来临时扑救初期火灾，减小生命及财产损失。

任务一　消防水池、消防水箱施工安装

任务描述

本任务的主要内容是认识消防水池、消防水箱的组成、设置要求及选择，识别消防水池、消防水箱的施工图，学会绘制消防水池、消防水箱的施工图及平面布置图。

任务实施

（一）市政供水及天然水源安装设置

消防给水系统及消防水源

消防水源包含天然水源、市政供水及消防水池，市政供水要求见表2-1，

市政两路给水管网如图 2-1 所示。

表 2-1 市政供水要求

当市政给水管网连续供水时	消防给水系统可采用市政给水管网直接供水，满足要求，可替代水池和水箱
用作两路消防供水的市政给水管网应符合的安装要求	① 市政给水厂至少有两条输水干管向市政给水管网输水 ② 市政给水管网应为环状管网 ③ 至少有两条不同的市政给水干管上，有不少于两条引入管向消防给水系统供水

注：井水等天然水源也可作为消防水源，应符合下列规定。

① 井水作为消防水源向消防给水系统直接供水时，其最不利水位应满足水泵吸水要求，其最小出流量和水泵扬程应满足消防要求，且当需要两路消防供水时，水井不应少于两眼，每眼井的深井泵的供电均应采用一级供电负荷。

② 当室外消防水源采用天然水源时，应采取防止冰凌、漂浮物、悬浮物等物质堵塞消防水泵的技术措施，并应采取确保安全取水的措施。

③ 当地表水作为室外消防水源时，应采取确保消防车、固定和移动消防水泵在枯水位取水的技术措施；当消防车取水时，最大吸水高度不应超过 6.0m。

④ 当井水作为消防水源时，应设置探测水井水位的水位测试装置。地下水的水位经常发生变化，为保证消防供水的可靠性，应设置地下水水位检测装置，以便能随着地下水水位的下降，适当调整轴流泵第一叶轮的有效淹没深度。水位测试装置可为固定连续检测，也可设置检测孔，定期人工检测。

⑤ 天然水源消防车取水口的设置位置和设施，应符合《室外给水设计标准》（GB 50013—2018）中有关地表水取水的规定，且取水头部宜设置格栅，其栅条间距不宜小于 50mm，也可采用过滤管。

⑥ 设有消防车取水口的天然水源，应设置消防车到达取水口的消防车道和消防车回车场或回车道。一般消防车的停放场地应根据消防车的类型确定；当无资料时可按下列技术参数设计：单台车停放面积不应小于 15.0m×15.0m；使用大型消防车时，不应小于 18.0m×18.0m。

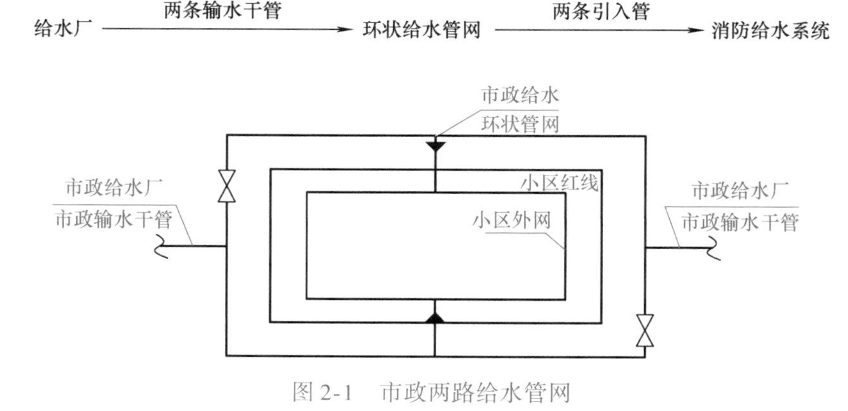

图 2-1 市政两路给水管网

（二）消防水池安装

1. 消防水池施工安装

消防水池施工如图 2-2 所示。

1）消防水池的施工和安装，应符合《给水排水构筑物工程施工及验收规范》（GB 50141—2008）、《建筑给水排水及采暖工程施工质量验收规范》（GB 50242—2002）的有关规定。水池底板位于地下水位以下时，施工前应验算施工阶段的抗浮稳定性。当不能满足抗浮要求时，必须采取抗浮措施。位于水池底板以下的管道，应经验收合格后再进行下一

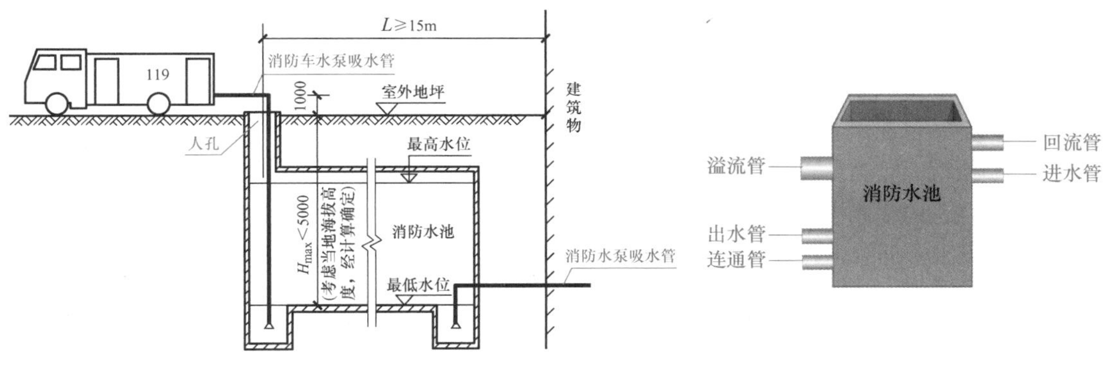

图 2-2　消防水池施工

工序的施工。

2）水池施工完毕后必须进行满水试验。在满水试验中应进行外观检查，不得有漏水现象。水池渗水量按池壁和池底的浸湿总面积计算，钢筋混凝土水池不得超过 2L/(m^2·d)，砖石砌体水池也不得超过 3L/(m^2·d)。

3）水池满水试验应填写试验记录，见表 2-2。

表 2-2　水池满水试验记录表

工程名称： 水池名称：		建设单位： 施工单位：	
水池结构		允许渗水量/[L/(m^2·d)]	
水池平面尺寸/m		水面面积 A_1/m^2	
水深/m		湿润面积 A_2/m^2	
测读记录	初读	末读	两次读差
测读时间/年、月、日、时、分			
水池水位 E/mm			
蒸发水箱水位 e/mm			
大气温度/℃			
水温/℃			
实际渗水量	m^3/d	L/(m^2·d)	占允许量的百分率
参加单位和人员	建设单位	设计单位	施工单位

4）满水试验合格后，应及时进行池壁外的各项工序及回填土方，池顶亦应及时均匀对称地回填。

5）水池底部水泥砂浆防水层的施工应符合下列规定。

① 基层表面应清洁、平整、坚实、粗糙及充分湿润，但不得有积水。

② 水泥砂浆的稠度宜控制在7～8cm，当采用机械喷涂时，水泥砂浆的稠度应经试配确定。

③ 掺外加剂的水泥砂浆防水层应分两层铺抹，其总厚度应按设计规定，但不宜小于20mm。

④ 防水层每层宜连续操作，不留施工缝。当必须留施工缝时，应留成阶梯槎，按层次顺序层层搭接。接槎部位距阴阳角的距离不应小于20cm。

2. 消防水池设置要求

1）符合下列规定之一时，应设置消防水池。

① 市政给水流量<建筑室内外所需流量。

② 市政给水流量-生产、生活最大用水量<建筑室内外所需流量。

③ 一路供水或只有一条入户引入管，且室外消火栓流量大于20L/s或建筑高度大于50m。

2）补水时间不宜大于48h，但当消防水池有效总容积大于2000m^{3}时，不应大于96h（通常48h，特殊情况下96h）。

3）消防水池进水管管径应经计算确定，但不应小于*DN*100。

4）供室外用消防水池都应设置取水口（井），具体做法参照取水口做法详图。

5）消防水池的总蓄水有效容积大于500m^{3}时，宜设两格能独立使用的消防水池；大于1000m^{3}时，应设置能独立使用的两座消防水池。每格（或座）消防水池应设置独立的出水管，并应设置满足最低有效水位的连通管，且其管径应能满足消防给水设计流量的要求。

6）储存室外消防用水的消防水池或供消防车取水的消防水池，应符合下列规定。

① 消防水池应设置取水口（井），且吸水高度不应大于6m，消防水池吸水图如图2-3所示。

② 取水口（井）与建筑物（水泵房除外）的距离不宜小于15m。

③ 取水口（井）与甲、乙、丙类液体储罐等构筑物的距离不宜小于40m。

④ 取水口（井）与液化石油气储罐的距离不宜小于60m；当采取防止辐射热保护措施时，可为40m。

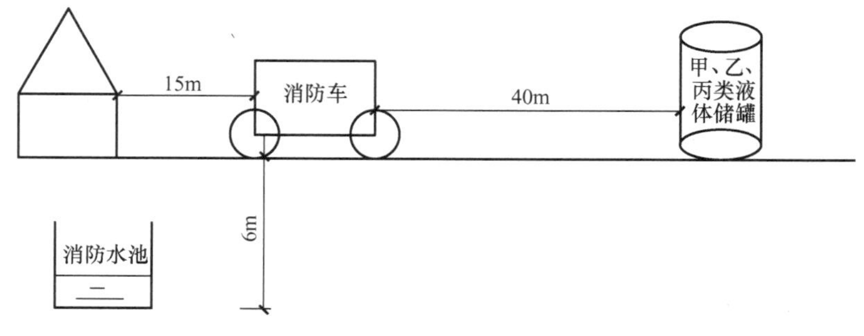

图2-3 消防水池吸水图

7）消防用水与其他用水共用的水池，应采取确保消防用水量不做他用的技术措施。具体措施如下。

① 将消防用水的取水口和生活用水的取水口设置在不同的高度，如图 2-4 所示。由于取水口高度不同，因此当生活用水消耗到一定程度时，取水口就无法吸水了。

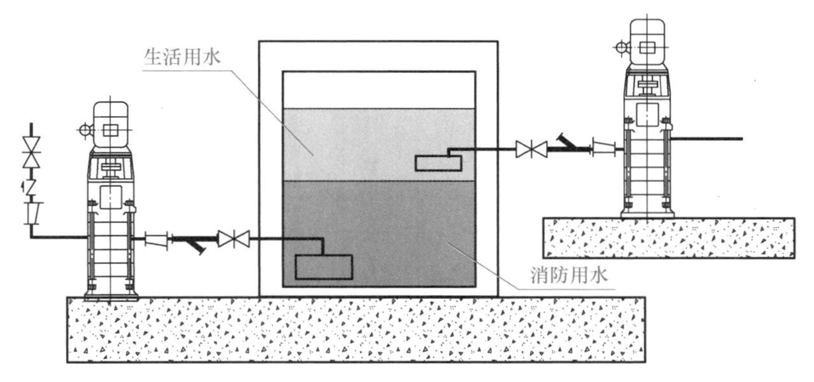

图 2-4　消防用水与生活用水的取水口设置在不同高度

② 在水池里设置一个溢流墙，如图 2-5 所示。当水量消耗到溢流墙以下时，消防用水就被溢流墙隔开了，生活用水的吸水口无法吸取消防用水。

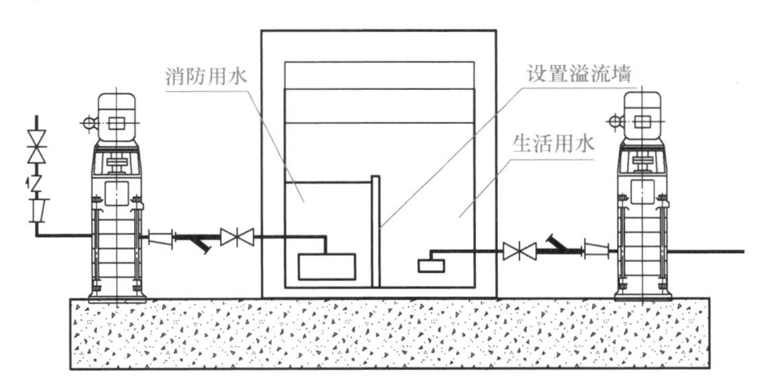

图 2-5　水池里设置溢流墙

③ 在生活用水的吸水管上设置真空破坏管，如图 2-6 所示。

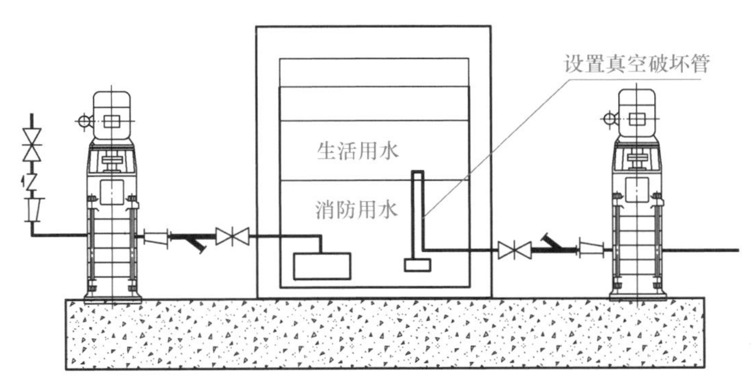

图 2-6　生活用水的吸水管上设置真空破坏管

8）消防水池的出水、排水和水位应符合下列规定。

① 消防水池的出水管应保证消防水池的有效容积能被全部利用。

② 消防水池应设置就地水位显示装置，并应在消防控制中心或值班室等地点设置显示

消防水池水位的装置，同时应有最高和最低报警水位。

③ 消防水池应设置溢水管和排水设施，并应采用间接排水。消防水池液位计如图2-7所示。

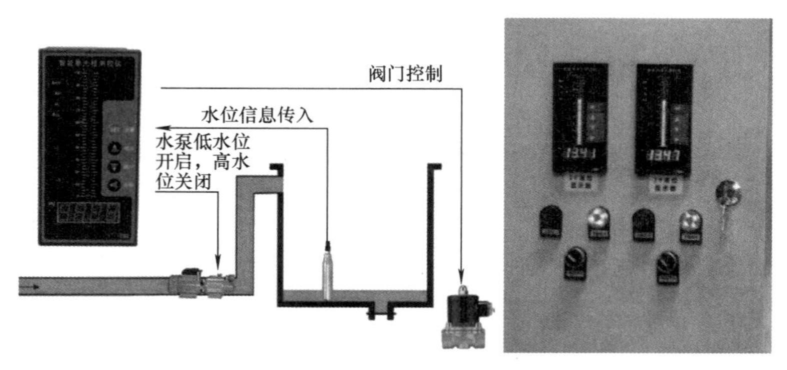

图2-7　消防水池液位计

9）安装净距要求。

① 无管道侧面：净距≥0.7m。

② 有管道侧面：净距≥1.0m，且管道外壁与建筑本体墙面之间的通道宽度≥0.6m。

③ 设有人孔的池顶，顶板面与上面建筑本体板底的净空高度≥0.8m。

3. 消防水池附件

1）出水管直径满足流量要求，出水口位置保证有效容积全部利用，消防水池的有效水深是设计最高水位至消防水池最低有效水位之间的距离。消防水池最低有效水位是消防水泵吸水喇叭口或出水管喇叭口以上0.6m水位；当消防水泵吸水管或消防水箱出水管上设置防止旋流器时，最低有效水位为防止旋流器顶部以上0.2m。

2）消防水池顶部应设置通气管。

3）通气管（呼吸管）、溢水管应设防虫措施。

4）钢筋混凝土水池要加设防水套管。

5）钢板制作和组合式消防水池、水箱的进出水管道宜采用法兰连接。

消防水池整体施工要求如图2-8所示。

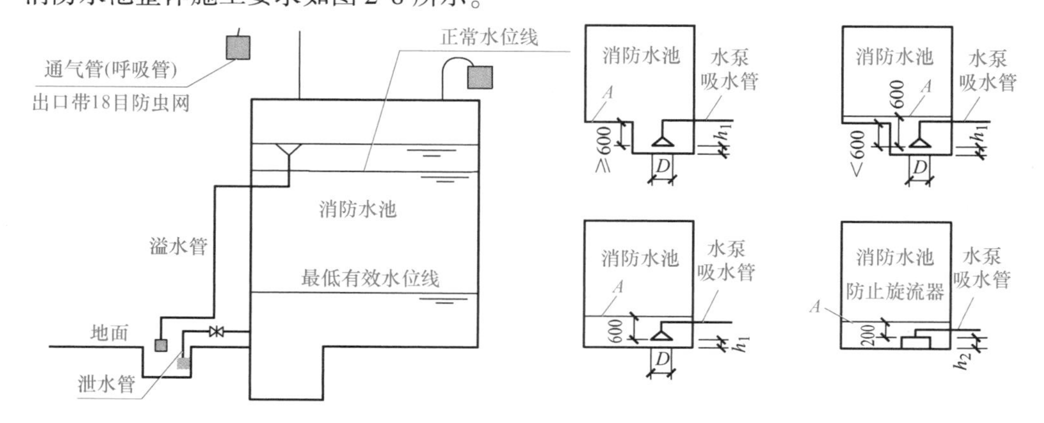

图2-8　消防水池整体施工要求

A—消防水池最低水位线　*D*—吸水管喇叭口直径　h_1—喇叭口底到吸水井底的距离　h_2—喇叭口底到池底的距离

（三）消防水箱安装

1. 安装规定

1）消防水箱的施工和安装，应符合《给水排水构筑物施工及验收规范》（GB 50141—2008）、《建筑给水排水及采暖工程施工质量验收规范》（GB 50242—2002）的有关规定。钢筋混凝土消防水池或消防水箱的进水管、出水管应加设防水套管，对有振动的管道应加设柔性接头。组合式消防水池或消防水箱的进水管、出水管接头宜采用法兰连接，采用其他连接时应做防锈处理。

2）消防水箱的容积、安装位置应符合设计要求。安装时，消防水箱间的主要通道宽度不应小于 1.0m；钢板消防水箱四周应设检修通道，其宽度不小于 0.7m；消防水箱顶部至楼板或梁底的距离不得小于 0.6m。

2. 设置场所及要求

1）符合下列条件之一时，应设置消防水箱。

① 高层民用建筑。

② 总建筑面积大于 10000m^2 且层数超过 2 层的公共建筑。

③ 其他重要公共建筑。

2）补水时间不宜大于 8h。

3）消防水箱进水管管径应计算确定，但不应小于 *DN*32。

如图 2-9 所示为典型的消防水箱支墩设置错误。

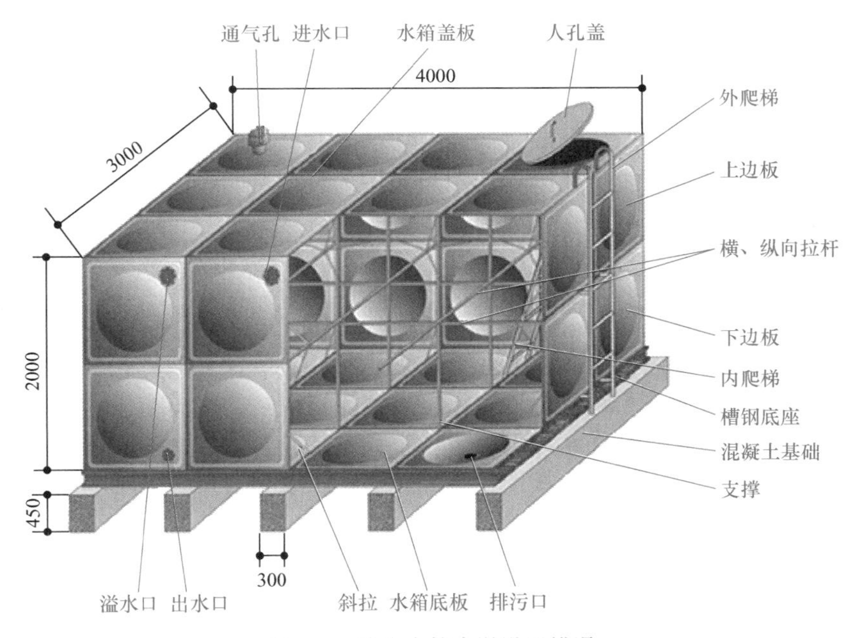

图 2-9　消防水箱支墩设置错误

评价反馈

对消防水池、消防水箱施工安装的评价反馈见表 2-3（分小组布置任务）。

表 2-3　对消防水池、消防水箱施工安装的评价反馈

序号	检测项目	评价任务及权重	自评	小组互评	教师评价
1	消防水源、消防水池、消防水箱设置要求阐述的正确性	消防水源、消防水池、消防水箱设置要求的阐述是否正确，缺少1项扣5分（共40分）			
2	消防水池、消防水箱图样绘制的正确性	消防水池、消防水箱图样绘制是否正确，1项不正确扣15分（共40分）			
3	完成时间	规定时间内没完成者，每超过2min，扣2分（共10分）			
4	工作纪律和态度	团队协作能力差，不爱护设备和环境，纪律差者，酌情扣5～10分（共10分）			
任务总评	优(90～100)□　良(80～90)□　中(70～80)□　合格(60～70)□　不合格(小于60)□				

任务二　消防水泵安装与调试

任务描述

消防水泵安装与维修

消防泵、喷淋泵在安装后都会在控制柜上贴上相应的启动图样。本任务的主要内容是了解消防水泵的安装，掌握消防泵、喷淋泵的启动原理，以及现场水泵控制柜手/自动切换步骤，为后续水系统调试打下良好的基础。

任务实施

一、消防水泵的安装

（一）选型和应用

1）消防水泵的性能应满足消防给水系统所需流量和压力的要求。

2）消防水泵所配驱动器的功率应满足所选水泵流量扬程性能曲线上任何一点运行所需功率的要求。

3）当采用由电动机驱动的消防水泵时，应选择电动机干式安装的消防水泵。

4）流量扬程性能曲线应为无驼峰、无拐点的光滑曲线，零流量时的压力不应大于设计工作压力的140%，且宜大于设计工作压力的120%。

5）当出流量为设计流量的150%时，其出口压力不应低于设计工作压力的65%。

6）泵轴的密封方式和材料应满足消防水泵在低流量时运转的要求。

7）消防给水同一泵组的消防水泵型号宜一致，且工作泵不宜超过3台。

8）多台消防水泵并联时，应校核流量叠加对消防水泵出口压力的影响。

（二）主要材质

消防水泵泵体需采用球墨铸铁材质，叶轮、轴均采用铜或不锈钢材质。消防水泵安装效果如图2-10所示。

二、消防泵、喷淋泵手动和自动启动

（一）消火栓灭火系统控制电路分析

消火栓灭火系统一般设置有两台消防水泵，可手动控制也可自动控制（两台消防水泵互为

备用)，具体由转换开关控制。转换开关有1号泵自动、2号泵备用，2号泵自动、1号泵备用和手动3种状态。

图2-10　消防水泵安装效果

消火栓灭火系统除了由水泵房控制柜启动外，还应有消防主机手/自动启动和在紧急情况下的机械应急启动。一旦消防水泵启动接触器的辅助触点回馈到消防控制室主机，对于消火栓内设置有指示灯的，还要回馈给指示灯，表示消防水泵已经启动。消防水泵电路图如图2-11～图2-13所示。在图2-11中，ZK1和ZK2为总回路开关，101ZK和102ZK为主断路器开关，101KH和102KH为热继电器。其工作原理如下。

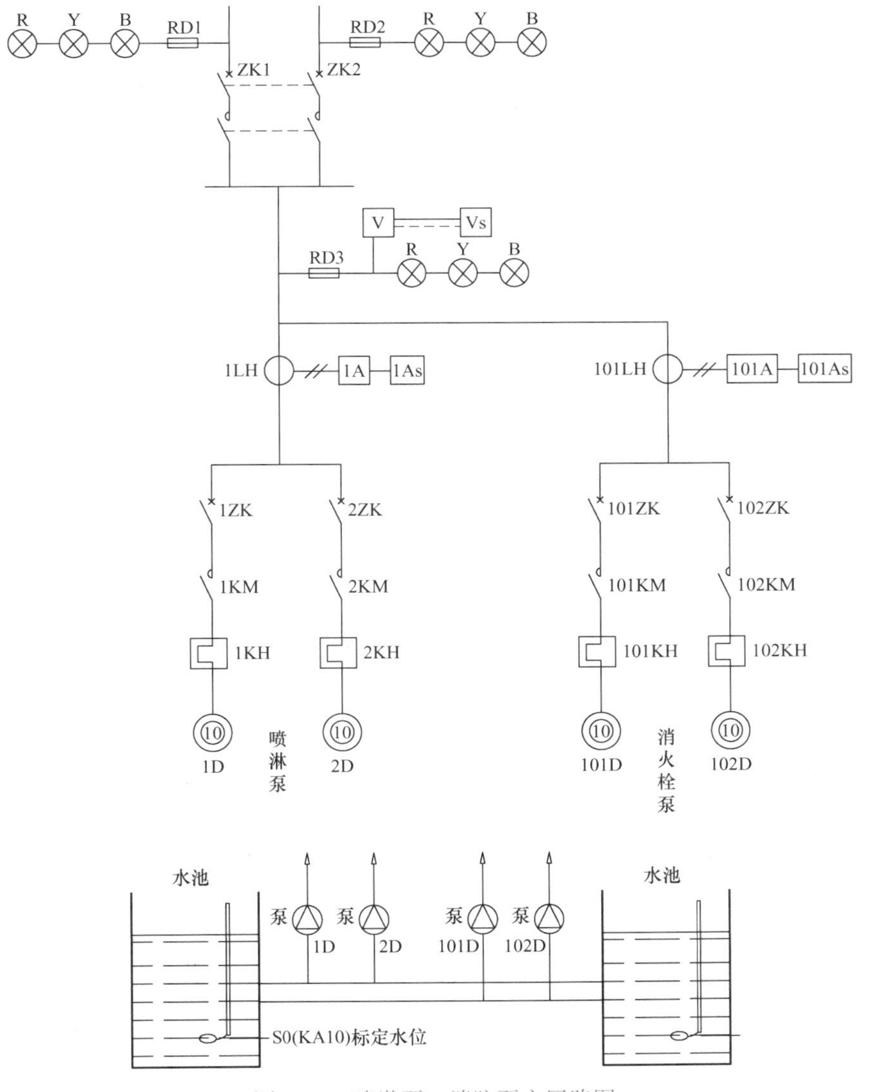

图2-11　喷淋泵、消防泵主回路图

（1）手动启动　将ZK1、ZK2总回路开关和101ZK、102ZK主断路器开关闭合。在图2-12中，将101HK打到手动状态，102HK打到1号主、2号备。按下101QA启动开关，接触器101KM得电，101KM的辅助常开开关闭合，1号消防泵启动，2号消防泵控制回路上的101KM辅助常闭开关打开，2号消防泵无法得电。当按下101TA停止开关，接触器101KM失电，1号消防泵停止运行。同理，将102HK打到2号主、1号备。按下102QA启动开关，接触器102KM得电，102KM的辅助常开开关闭合，2号消防泵启动。按下102TA停止开关，接触器102KM失电，2号消防泵停止运行。

（2）自动启动（1号消防泵自动，2号消防泵备用）　将ZK1、ZK2总回路开关和101ZK、102ZK主断路器开关闭合。在图2-12中，将101HK打到自动状态，102HK打到1号主、2号备。当主机收到高位水箱流量开关信号或者两路自动报警信号后，101XFZQJ开关闭合，接触器101KM通电，101KM的辅助常开开关闭合，1号消防泵启动。

如图2-12和图2-13所示，在灭火过程中，如果1号消防泵出现故障，101KH会启动，101KH开关闭合，继电器101KA通电，101KA的辅助常闭开关打开，接触器101KM会失电，1号消防泵会停止运行。此时，2号消防泵控制回路继电器101KA的辅助常开开关闭合，接触器102KM通电，102KM的辅助常开开关闭合，系统自动转到2号消防泵运行。

（3）自动启动（2号消防泵自动，1号消防泵备用）　将ZK1、ZK2总回路开关和101ZK、102ZK主断路器开关闭合。在图2-12中，将101HK打到自动状态，102HK打到2号主、1号备，为水泵启动运行做好准备。其动作过程同上。

（二）喷淋泵控制电路分析

在现有的高层建筑及建筑群体中，每座建筑的自动喷水灭火系统，所用的泵一般为2～3台。采用两台泵时，平时管网中压力水来自高位水池。当喷头喷水，管道内压力降低，压力开关或者报警控制器启动喷淋泵，向管网补充压力水。平时一台泵工作，一台泵备用；当工作泵因故障停转，接触器触点不动作时，备用泵立即投入运行，两台水泵互为备用。可见，喷淋泵控制可分为手动控制、自动控制和机械应急启动，具体控制由控制柜上的转换开关1HK来选定，1HK和2HK均有1号喷淋泵自动、2号喷淋泵备用，2号喷淋泵自动、1号喷淋泵备用和手动3种工作状态，具体如图2-14和图2-15所示的喷淋泵电气原理图。工作原理如下。

（1）手动启动　将ZK1、ZK2总回路开关和1ZK、2ZK主断路器开关闭合。在图2-14中，将1HK打到手动状态，2HK打到1号主、2号备。按下1QA启动开关，接触器1KM得电，1KM的辅助常开开关闭合，1号喷淋泵启动。2号喷淋泵控制线路上的1KM辅助常闭开关打开，2号喷淋泵无法得电。按下1TA停止开关，接触器1KM失电，1号喷淋泵停止运行。同理，将2HK打到2号主、1号备，按下2QA启动开关，接触器2KM得电，2KM辅助常开开关闭合，2号喷淋泵启动。按下2TA停止开关，接触器2KM失电，2号喷淋泵停止运行。

（2）自动启动（1号喷淋泵自动，2号喷淋泵备用）　将ZK1、ZK2总回路开关和1ZK、2ZK主断路器开关闭合。在图2-14中，将1HK打到自动状态，2HK打到1号主、2号备。当主机收到高位水箱流量开关信号或者两路自动报警信号，或报警阀压力开关信号后，1XFZQJ开关闭合，接触器1KM通电，1KM辅助常开开关闭合，1号喷淋泵启动。

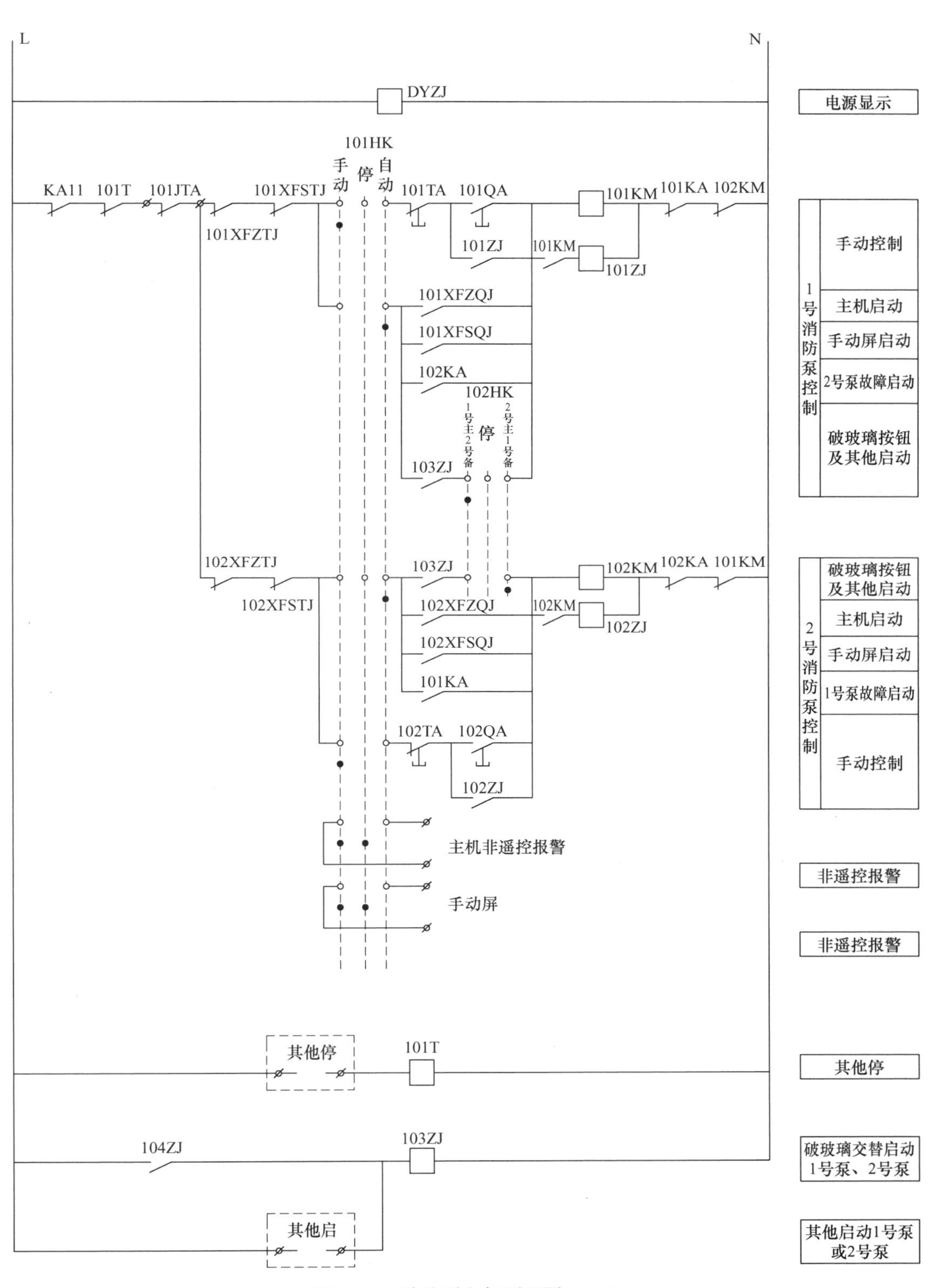

图 2-12　消防泵电气原理图（一）

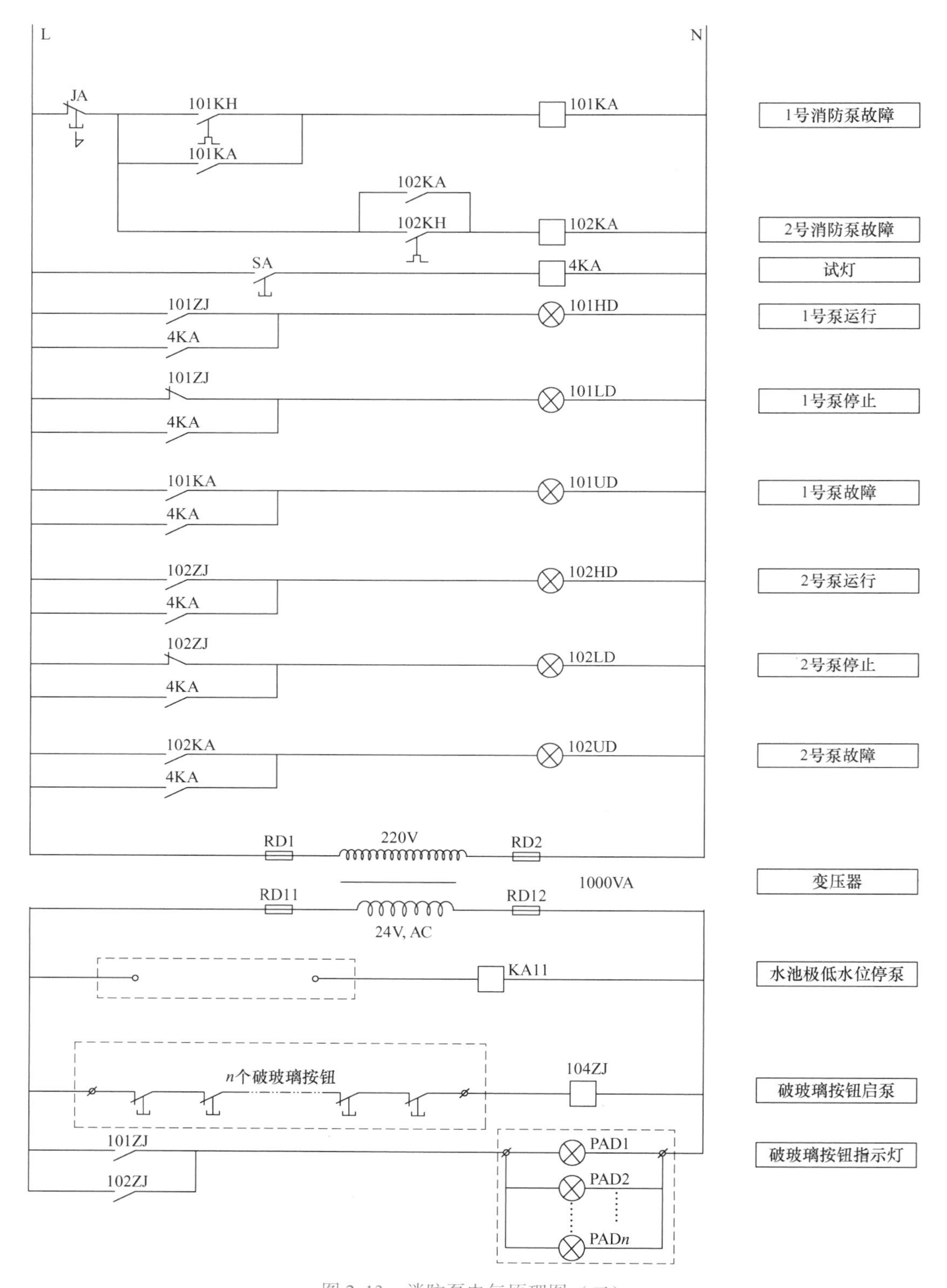

图 2-13　消防泵电气原理图（二）

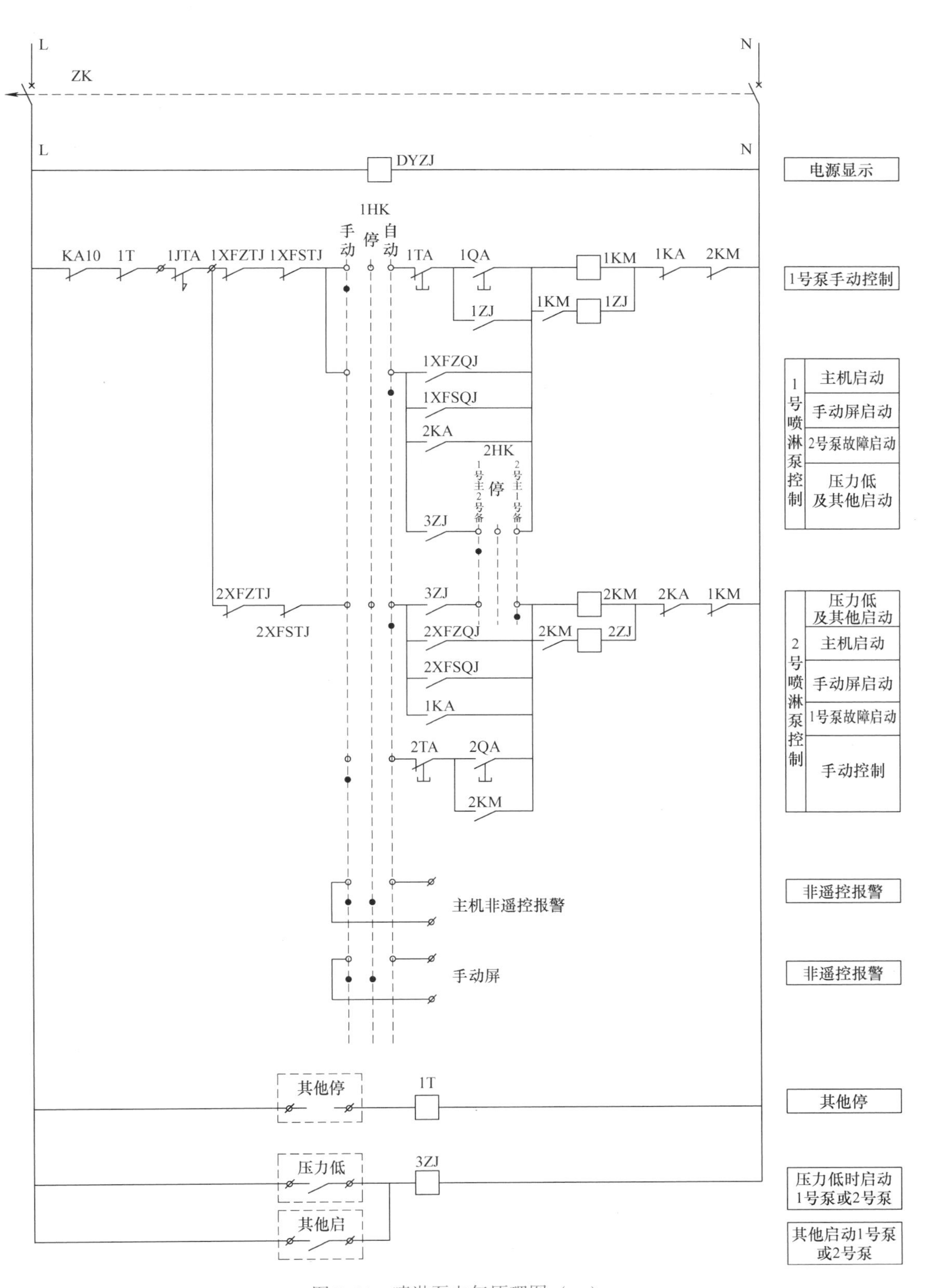

图 2-14　喷淋泵电气原理图（一）

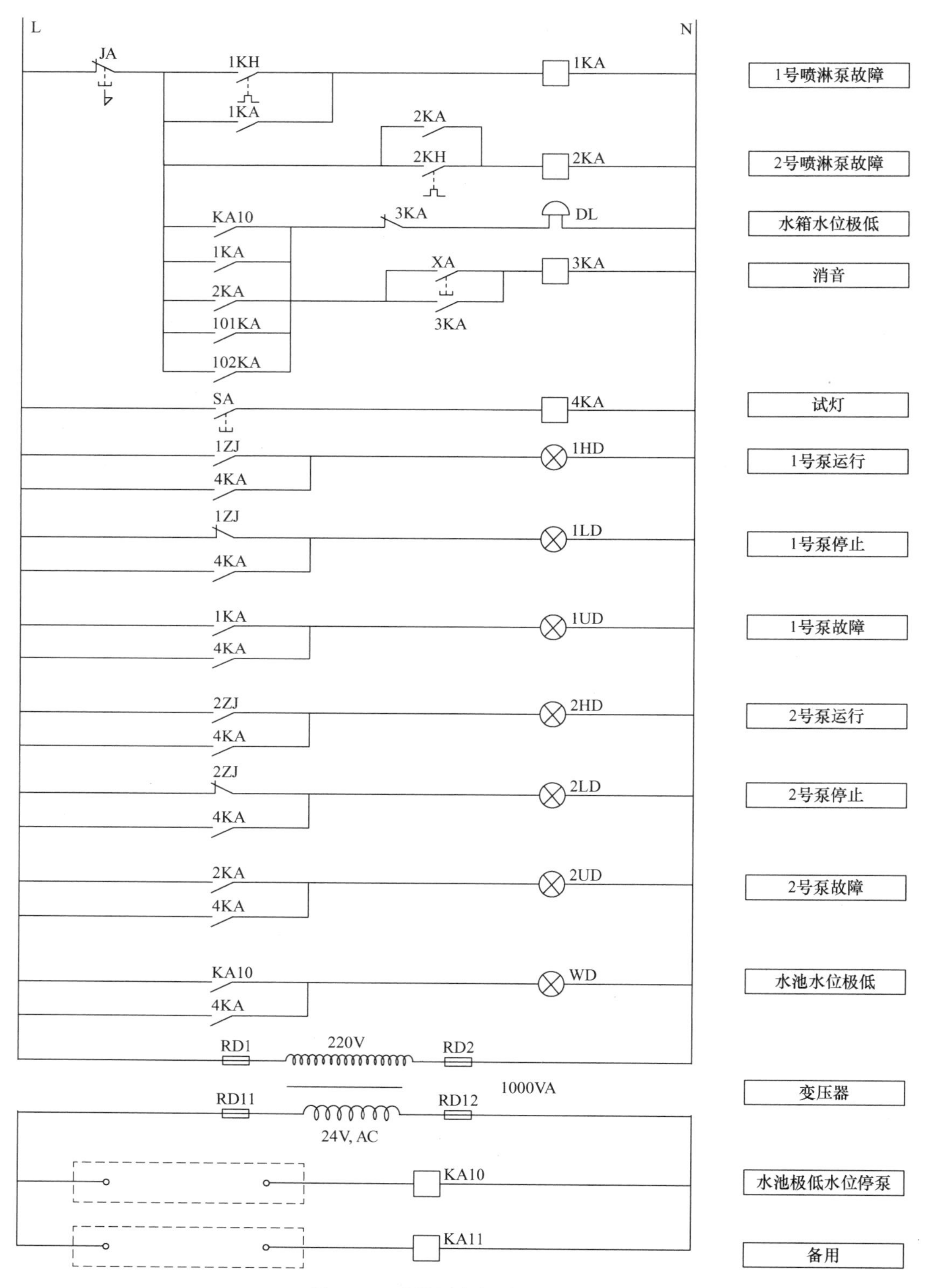

图 2-15　喷淋泵电气原理图（二）

如图 2-14 和图 2-15 所示，灭火过程中，如果 1 号喷淋泵出现故障，1KH 会启动，1KH 开关闭合，继电器 1KA 通电，1KA 辅助常闭开关打开，接触器 1KM 会失电，1 号喷淋泵会停止运行。此时，2 号喷淋泵控制回路的 1KA 辅助常开开关闭合，接触器 2KM 通电，2KM 辅助常开开关闭合，系统自动转到 2 号喷淋泵运行。

（3）自动启动（2 号喷淋泵自动，1 号喷淋泵备用）　将 ZK1、ZK2 总回路开关和 1ZK、2ZK 主断路器开关闭合。在图 2-14 中，将 1HK 打到自动状态，2HK 打到 2 号主、1 号备，为水泵启动运行做好准备。其动作过程同上。

三、消防水泵控制柜工作状态切换

消防水泵控制柜工作状态的识别、切换步骤如图 2-16 所示。

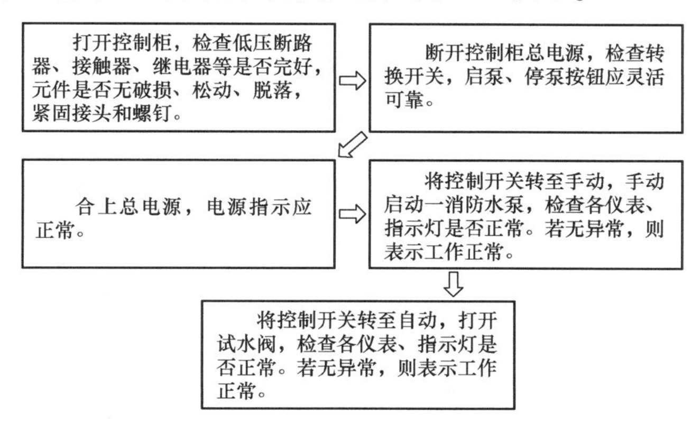

图 2-16　识别、切换消防水泵控制柜工作状态

四、消防水泵的手动启停

消防水泵手动启停流程如图 2-17 所示。

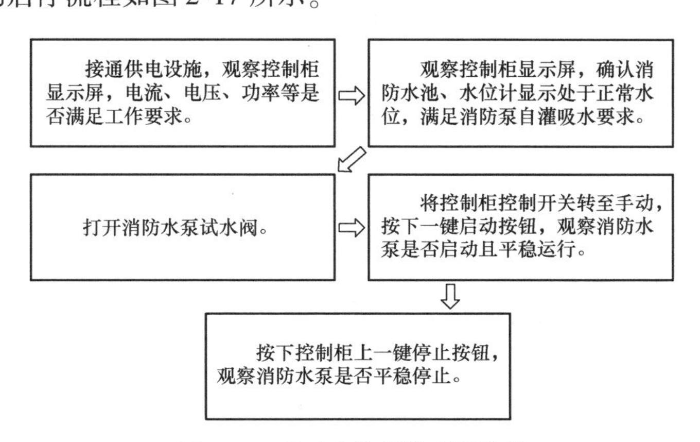

图 2-17　手动启停消防水泵流程

五、消防水泵的联动调试

（一）消火栓泵

1）检查控制柜内的开关是否正常合闸，观察面板上各指示灯是否正常。

2）关闭水泵出口立管上缓闭止回阀后的水源阀，打开常闭回流阀，缓闭止回阀后的压力为零。

3）此时，在消火栓泵控制柜面板上选择“手动/自动”转换开关至“手动”位置，按下面板上的启动按钮，即可启动消火栓泵，消防水由回流管流回消防水池。

4）以上试验完成后打开缓闭止回阀后的水源阀，关闭常闭回流阀，使管网恢复正常状态。重复以上步骤试验2号泵。

5）在消火栓泵控制柜面板上选择“手动/自动”转换开关至“自动”位置。当出现火灾时，在展馆内各楼层按下消火栓按钮玻璃报警，直接启动消火栓泵。

6）在消防控制室内，报警主机置于自动状态，按下总线联动盘对应的联动模块按钮，远程启动消火栓泵。主机不设置为自动状态，按下多线手动控制盘上的消火栓泵按钮，也可远程启动消火栓泵。

7）水泵运行正常后，拉下对应的空气开关，造成电源故障后，控制柜能够在30s内切换到2号泵运行。停止消火栓泵，复位拉下的空气开关。

8）将消防控制室内的报警主机置于手动状态，复位报警主机。控制柜面板上选择“手动/自动”转换开关至“自动”位置，系统调试完毕。

消火栓泵控制柜如图2-18所示。

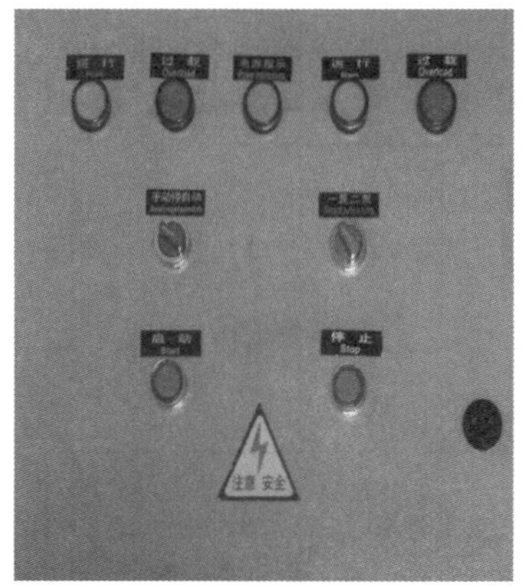

图2-18　消火栓泵控制柜

（二）喷淋泵

1）检查控制柜内的开关是否正常合闸，观察面板上各指示灯是否正常。

2）关闭水泵出口立管上缓闭止回阀后的水源阀，打开常闭回流阀，缓闭止回阀后的压力为零。

3）此时，在喷淋泵控制柜面板上选择“手动/自动”转换开关至1号泵“手动”位置，按下面板上的启动按钮，即可启动喷淋泵，水流由回流管流回消防水池。

4）以上试验完成后打开缓闭止回阀后的水源阀，关闭常闭回流阀，使管网恢复正常状态。重复以上步骤试验2号泵。

5）在喷淋泵控制柜面板上选择“手动/自动”转换开关至“自动”位置。打开任一防火区内的末端试水装置的放水阀。5min内湿式报警阀动作，启动喷淋泵。水泵运行正常后，关闭试水装置放水阀，停止喷淋泵。重复以上步骤试验 2 号泵。

6）在消防控制室内，报警主机置于自动状态。按下总线联动盘对应的联动模块按钮，远程启动喷淋泵。主机不设置为自动状态，按下多线手动控制盘上的喷淋泵按钮，也可远程启动喷淋泵。

7）水泵运行正常后，拉下对应的空气开关，造成电源故障后，控制柜能够在 30s 内切换到 2 号泵运行。

8）将消防控制室内的报警主机置于手动状态，复位报警主机。控制柜面板上选择“手动/自动”转换开关至“自动”位置，系统调试完毕。

评价反馈

对消防水泵安装与调试的评价反馈见表 2-4（分小组布置任务）。

表 2-4　对消防水泵安装与调试的评价反馈

序号	检测项目	评价任务及权重	自评	小组互评	教师评价
1	消防水泵安装要求阐述的正确性	消防水源、消防水池、消防水箱设置要求阐述是否正确，缺少 1 项扣 5 分（共 20 分）			
2	根据图样阐述消火栓泵、喷淋泵启动过程的正确性	消防水池、消防水箱图样绘制是否正确，1 项不正确扣 15 分（共 30 分）			
3	消防水泵联动调试过程正的确性	消防水泵联动调试过程是否正确，1 项不正确扣 5 分（共 30 分）			
4	完成时间	规定时间内没完成者，每超过 2min 扣 2 分（共 10 分）			
5	工作纪律和态度	团队协作能力差，不爱护环境者，酌情扣 5～10 分（共 10 分）			
任务总评	优(90～100)□　良(80～90)□　中(70～80)□　合格(60～70)□　不合格(小于 60)□				

任务三　水泵接合器、增稳压设施安装与调试

任务描述

水泵接合器及增稳压设施为弥补建筑消防水压不足而设置的设备设施。本任务的主要内容是认识消防水泵接合器及增稳压设施的安装及手动调试过程。

任务实施

一、消防水泵接合器安装

1）组装式安装，应按接口、本体、连接管、止回阀、安全阀、放空管、控制阀的顺序进行。

2）消防水泵接合器应设在便于与消防车连接的地点，其周围 15～40m 内应设室外消火栓或消防水池。

3）水泵接合器上应设止回阀、安全阀、闸阀和泄水阀。

4）高层建筑消火栓给水系统和自动喷水灭火系统应设水泵接合器；设有消防管网的住宅及超过 5 层的其他民用建筑，其室内消防管网应设水泵接合器；对人防工程，当消防用水量超过 10L/s 时，应设水泵接合器。

5）地下式水泵接合器接口至地面的距离宜不大于 0.4m，且不应小于井盖的半径。

6）地下式水泵接合器应采用有“消防水泵接合器”标志的井盖，并在附近设置标识其位置的固定标志。

7）墙壁式水泵接合器与门窗洞口的距离不宜小于 1.2m；接口至地面的距离宜为 0.7m。

8）地上式水泵接合器接口距地面的距离宜为 0.7m。

地上式、地下式、墙壁式水泵接合器如图 2-19 所示，水泵接合器组件如图 2-20 所示。

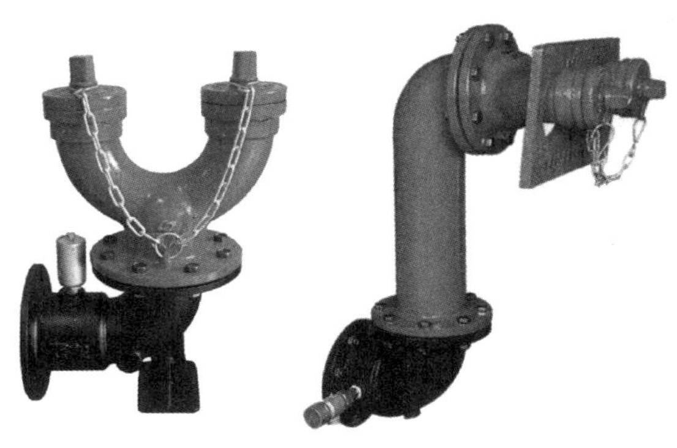

图 2-19　水泵接合器

二、增压稳压设施的安装

（一）气压水罐安装要求

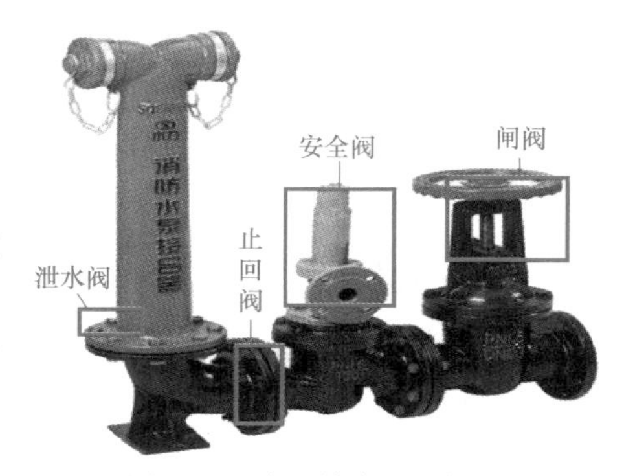

图 2-20　水泵接合器组件图

1）有效容积、气压、水位及设计压力符合设计要求。

2）安装位置和间距、进水管及出水管方向符合设计要求。

3）宜有有效水容积指示器。

4）安装时其四周设检修通道，其宽度≥0.7m，消防气压给水设备顶部至楼板或梁底的距离≥0.6m。消防稳压罐的布置应合理、紧凑；水箱上人口距顶面 0.8m。

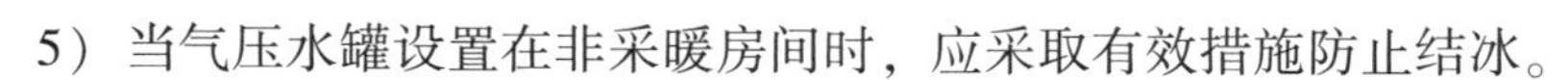

5）当气压水罐设置在非采暖房间时，应采取有效措施防止结冰。

（二）稳压泵的安装要求

1）规格、型号、流量和扬程符合设计要求，并应有产品合格证和安装使用说明书。

2）稳压泵的安装应符合《给水排水构筑物工程施工及验收规范》（GB 50141—2008）、《机械设备安装工程施工及验收通用规范》（GB 50231—2009）、《风机、压缩机、泵安装工程施工及验收规范》（GB 50275—2010）的有关规定，并考虑排水的要求。

增压稳压设施安装如图 2-21 所示。

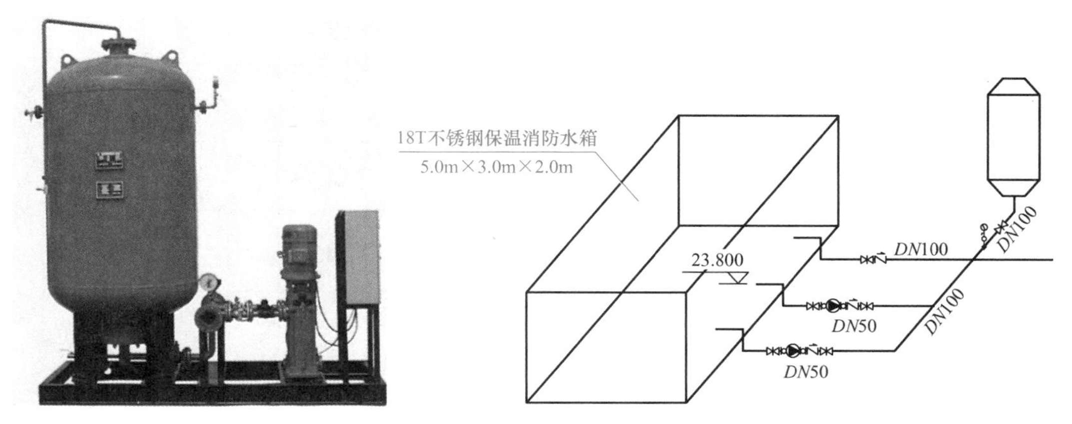

图 2-21 增压稳压设施安装

三、稳压泵调试

增稳压设施的主要目的是使消防管道系统始终保持消防所需压力，它由 2 台增压泵、1 台隔膜气压罐及底座、附件和电控柜组成。

增稳压设施到现场安装后检查各个部位是否平整，连接处是否拧紧，地脚螺栓处的隔震垫是否按平。确定安装全部符合常规要求后，把电接点压力表调节到所规定的上下限，然后通电、通水。

检查各部位是否有漏电、漏水现象；若一切正常，把进口阀门全部开启，出口阀门关闭，打开放气阀把泵内的空气放尽后，拧紧放气阀。启动增压泵并慢慢打开出口阀门，一边调节阀门开启度（千万不能把阀门全开），观察电接点压力表的压力。如压力到所规定的上限，增压泵停止运转，这时出口阀门的开启度为正好。

打开出口管网上的放水阀，这时管网上压力下降；当它下降到电接点压力表下限时，增压泵自动启动运转。关闭放水阀，管网压力上升；当它上升到电接点压力表上限时，增压泵停止运转。在增压泵运转时用电流表测一下电机电流，若电流在额定电流范围内，则调试正常；若电流超出额定电流值，把出口阀门略关小一点，使电流值下降到额定电流范围内即可。电控柜为一用一备，如有故障备用泵自动切换，故障指示灯会亮起。电控柜有手动、自动功能，平时不用专人看管，但应定时巡检。

四、稳压泵电接点压力表计算

（一）稳压泵放置于高位水箱间

稳压泵放置于高位水箱间时，如图 2-22 所示。

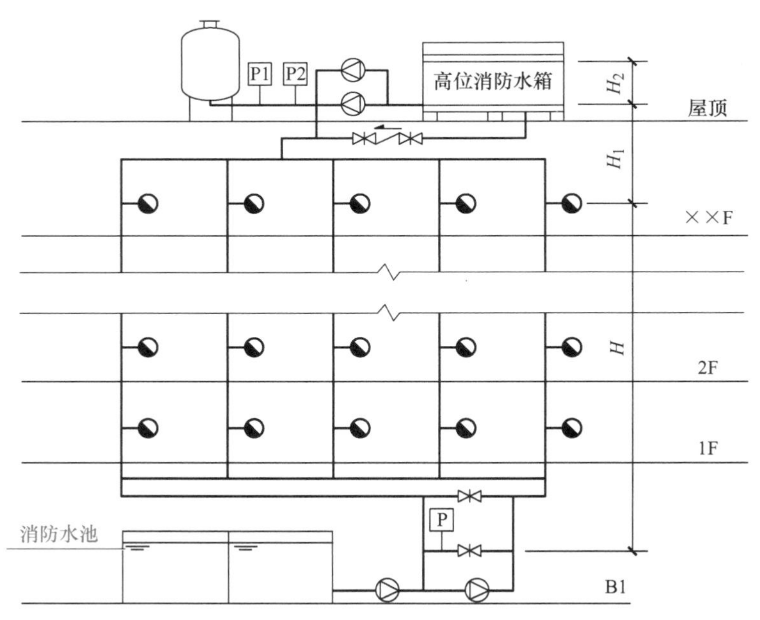

图 2-22　稳压泵位于高位水箱间

1）稳压泵启泵压力 $P_1>15-H_1$，且 $\geqslant H_2+7$。稳压泵位于灭火设施的上面，稳压泵到最不利点处水灭火设施的高度 H_1 已经给予了水灭火设施 H 的压力，稳压泵的设计压力应保证系统最不利点处水灭火设施在准工作状态时的静水压力大于 0.15MPa，因此当稳压泵放置于高位水箱间时，$P_1>15-H_1$。

系统设置自动启泵压力值为高位水箱到稳压泵的高度 H_2，稳压泵的设计压力应保持系统自动启泵压力设置点处的压力在准工作状态时大于系统设置自动启泵压力值，且增加值宜为 0.07～0.10MPa。

2）稳压泵停泵压力 $P_2=P_1/0.80$。

3）消防泵启泵压力 $P=P_1+H_1+H-7$。

【例 2-1】　某公共建筑 7 层，层高 3m，室内外地面平齐，地下 2 层设消防水泵房，稳压泵设置在屋顶。高位水箱的最低液位 $E_L+23.000\text{m}$，最高液位 $E_L+26.000\text{m}$。消防水池及消防水泵设置在底层，消防水泵吸水管液位 $E_L-6.000\text{m}$。试计算稳压泵的启泵压力、停泵压力，消防水泵的启泵压力。

【解析】

$$H_1=\text{高位水箱最低液位}-\text{最不利消火栓标高}$$

$$H_2=\text{高位水箱最高液位}-\text{最低液位}$$

$$H=\text{最不利消火栓标高}-\text{水泵吸水口标高}$$

稳压泵的启泵压力　　$P_1>15-H_1$

且　　$P_1\geqslant H_2+7$

稳压泵的停泵压力　　$P_2=P_1/0.8$

消防水泵的启泵压力 $P=P_1+H_1+H-7$。

$H_1=23\text{m}-(18+1.1)\text{m}=3.9\text{m}$，$H_2=(26-23)\text{m}=3\text{m}$，$H=(18+1.1)\text{m}-(-6)\text{m}=25.1\text{m}$。

$P_1>15-H_1=(15-3.9)\text{m}=11.1\text{m}$，且 $P_1\geqslant H_2+7=(3+7)\text{m}=10\text{m}$。因此稳压泵的启

泵压力取 $P_1 > 11.1\text{m}$，稳压泵的停泵压力 $P_2 = P_1/0.8 > 13.875\text{m}$。

消防水泵的启泵压力 $P = P_1 + H_1 + H - 7 > 11.1 + 3.9 + 25.1 - 7 > 33.1\text{m}$。

（二）稳压泵放置于水泵房

稳压泵放置于水泵房时，如图 2-23 所示。

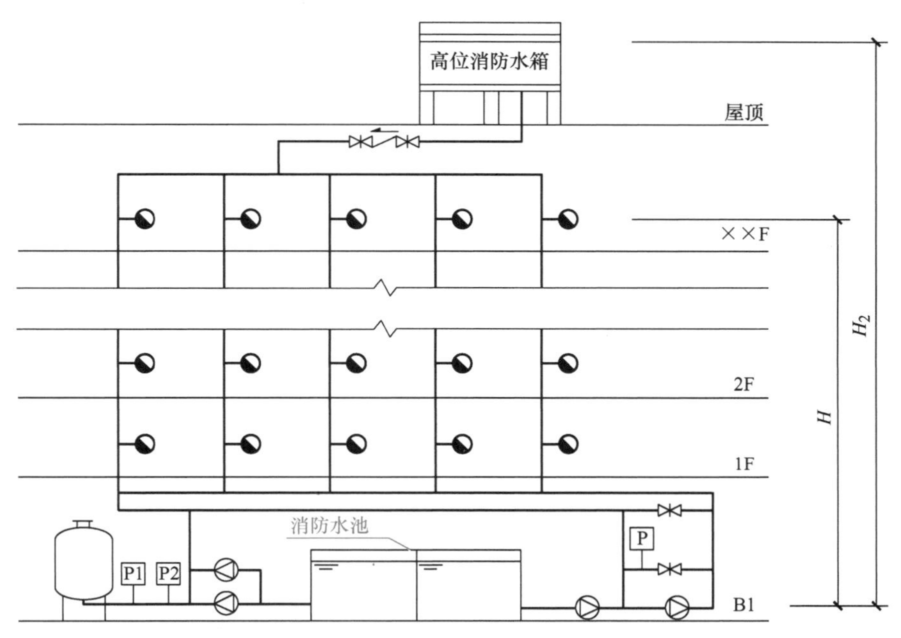

图 2-23　稳压泵放置于水泵房

1）稳压泵启泵压力 $P_1 > H + 15$，且 $P_1 \geqslant H_2 + 10$。

2）稳压泵停泵压力 $P_2 = P_1/0.85$。

3）消防泵启泵压力 $P = P_1 - (7 \sim 10)$。

评价反馈

对水泵接合器、增稳压设施安装与调试的评价反馈见表 2-5（分小组布置任务）。

表 2-5　对水泵接合器、增稳压设施安装与调试的评价反馈

序号	检测项目	评价任务及权重	自评	小组互评	教师评价
1	水泵接合器类型及组件阐述的正确性	水泵接合器类型及组件阐述是否正确，缺少 1 项扣 5 分（共 20 分）			
2	增压稳压设施安装要求阐述的正确性	增压稳压设施安装要求阐述是否正确，1 项不正确扣 5 分（共 20 分）			
3	稳压泵调试过程的正确性	稳压泵调试过程是否正确，1 个步骤不正确扣 5 分（共 20 分）			
4	稳压泵电接点压力计算的正确性	稳压泵电接点压力计算是否正确（共 20 分）			

（续）

序号	检测项目	评价任务及权重	自评	小组互评	教师评价
5	完成时间	规定时间内没完成者，每超过 2min 扣 2 分（共 10 分）			
6	工作纪律和态度	团队协作能力差，不爱护环境者，酌情扣 5～10 分（共 10 分）			
任务总评	优(90～100)□　良(80～90)□　中(70～80)□　合格(60～70)□　不合格(小于 60)□				

任务四　消火栓系统安装与调试检测

任务描述

本任务的主要内容是认识消火栓系统的安装，检查既有建筑消火栓系统安装的规范性，完成消火栓系统的调试检测。

任务实施

消火栓系统的分类、组成与布置

室内消火栓的安装与使用方法

一、消火栓系统安装

（一）室外消火栓系统安装

1. 安装准备

1）认真熟悉图样，结合现场情况复核管道的坐标、标高是否位置得当；如有问题，及时与设计人员研究解决。

2）检查预留及预埋位置是否正确，临时剔凿应与设计工建协调好。

3）检查设备材料是否符合设计要求和质量标准。

4）安排合理的施工顺序，避免工种交叉作业干扰，影响施工。

室外消火栓如图 2-24 所示。

2. 管道安装

1）管道安装应根据设计要求使用管材，按压力要求选用管材。

2）管道在焊接前应清除接口处的浮锈、污垢及油脂。

3）室外消火栓安装前，管件内外壁均涂沥青冷底子油两遍，外壁需另加热沥青两遍，面漆一遍。埋入土中的法兰盘接口涂沥青冷底子油及热沥青两遍，并用沥青麻布包严，消火栓井内铁件也应涂热沥青防腐。

图 2-24　室外消火栓

3. 栓体安装

消火栓安装按《室外消火栓及消防水鹤安装》（13S201）的要求进行。消火栓安装位于人行道沿上 1.0m 处，采用钢制双盘短管调整高度，做内外防腐。室外地上式消火栓安装时，消火栓顶距地面高为 0.64m，立管应垂直、稳固，控制阀门井距消火栓不应超过 2.5m，消火栓弯管底部应设支墩或支座。

室外地下式消火栓应安装在消火栓井内，消火栓井一般用 MU7.5 红砖、M7.5 水泥砂浆砌筑。消火栓井内径不应小于 1m。井内应设爬梯，以方便阀门的维修。

消火栓与主管连接的三通或弯头下部位应带底座，底座应设混凝土支墩，支墩与三通、弯头底部用 M7.5 水泥砂浆抹成八字托座。消火栓井内供水主管底部距井底不应小于 0.2m，消火栓顶部至井盖底距离不应小于 0.2m。冬季室外温度低于 -20℃ 的地区，地下消火栓井口需作保温处理。

安装室外地上式消火栓时，其放水口应用粒径为 20～30mm 的卵石做渗水层，铺设半径为 500mm，铺设厚度自地面下 100mm 至槽底。铺设渗水层时，应保护好放水弯头，以免损坏。

（二）室内消火栓的安装

1. 栓体及配件安装

消火栓箱体要符合设计要求（其材质有铁和铝合金等）。产品均应有质量合格证明文件方可使用。

消火栓支管要以栓阀的坐标、标高来定位，然后稳固消火栓箱，箱体找正稳固后再把栓阀安装好；当栓阀侧装在箱内时，应在箱门开启的一侧，箱门开启应灵活。

消火栓箱体安装在轻体隔墙上应有加固措施。箱体配件安装应在交工前进行。消防水龙带应折好放在挂架上或卷实、盘紧放在箱内；消防水枪要竖放在箱体内侧，自救式水枪和软管应放在挂卡上或放在箱底部。消防水龙带与水枪、快速接头的连接，一般用 14 号铅丝绑扎两道，每道不少于两圈；使用卡箍时，在里侧加一道铅丝。设有电控按钮时，应注意与电气专业配合施工。管道支、吊架的安装间距、材料选择，必须严格按照规定要求和施工图样的规定，接口缝距支吊架连接缘不应小于 50mm，焊缝不得放在墙内。

2. 阀门的安装

阀门的安装应紧固、严密，与管道中心垂直，操作机构灵活准确。

3. 室内消火栓布置

1）消火栓按 2 支消防水枪的 2 股充实水柱布置的建筑物，消火栓的布置间距不应大于 30m。

2）消火栓按 1 支消防水枪的 1 股充实水柱布置的建筑物，消火栓的布置间距不应大于 50m。同一建筑物内设置的消火栓、消防软管卷盘和轻便水龙应采用统一规格的栓口、消防水枪、水龙带及配件。

3）建筑室内消火栓栓口的安装高度应便于消防水龙带的连接和使用，其距地面高度宜为 1100mm；其出水方向应便于消防水龙带的敷设，并宜与设置消火栓的墙面成 90° 角或向下。

4）消火栓箱门的开启角度不应小于 120°。

5）消火栓的栓口设置位置应便于操作使用，阀门的中心距箱侧面应为 140mm，距箱后内表面应为 100mm。

室内消火栓如图 2-25 所示。

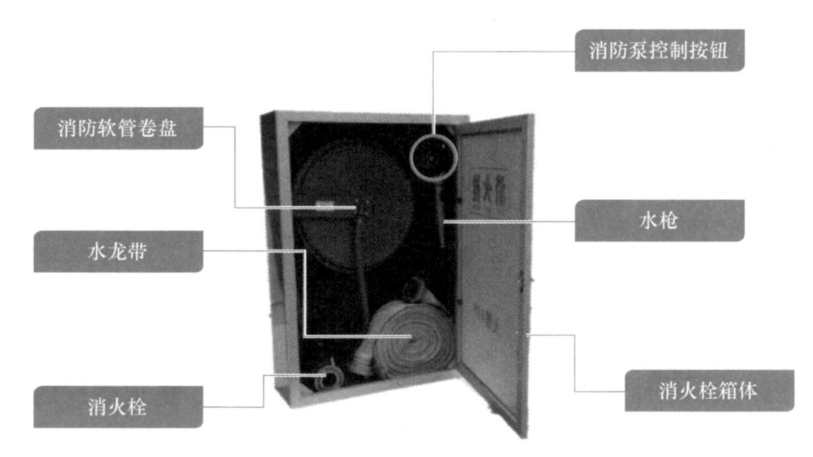

图 2-25　室内消火栓

二、室内消火栓的使用方法

室内消火栓的使用方法如下。

1）打开消火栓箱，取出水龙带，将水龙带向起火方向甩开，避免扭、折。

2）将靠近消火栓端的水龙带与消火栓进行快速连接，即在连接时将连接扣准确插入滑槽，按顺时针方向拧紧（以防脱开高压水伤人）。

3）将水龙带的另一端与水枪进行快速连接。

4）连接完毕至少 2 人灭火，一人拿水枪，一人拿水龙带，打开消防阀出水灭火。在使用消防水枪时，将水枪顶在腰部，蹲马步。

5）使用水枪灭火，人持水枪灭火要从远及近，水流要从高到低喷射，避免着火物倒塌伤到救火人员。

6）消防水龙带灭火后，须打开晒干水分，并经检查确认没有破损，方可折叠到消火栓箱内。

三、消火栓系统调试与检测

（一）消火栓系统调试

调试前应确保消火栓箱启泵按钮安装合格，控制线连接到位，消火栓泵单机运行正常，管网内已充满水。

1. 静水压力测量

测量系统最底层和顶层的静水压力，不利点栓口压力不小于 0.2MPa，有利点栓口压力不大于 0.8MPa，均符合规范及设计要求。

2. 出水压力测量

接好水龙带、水枪，打开试验消火栓，启动消火栓泵。测量时水枪的上倾角应为 45°。

当消火栓出水稳定后，测量充实水柱长度应不小于10m，出水压力不大于0.5MPa。

（二）消火栓系统联动调试

1）按下任一台消火栓箱内启泵按钮，均应能够启动消防泵，同时按钮上的指示灯显示正常；启泵按钮复位后，指示灯熄灭。

2）在控制室消防控制箱进行消火栓泵的启动、停止操作，消火栓泵应能够正常启、停。

3）在进行上述调试的过程中，应安排人员在控制室，监视消防控制箱上显示消火栓泵运行、停止的灯光是否正常。消火栓按钮如图2-26所示。

a) 玻璃破碎报警按钮

b) 可复位报警按钮

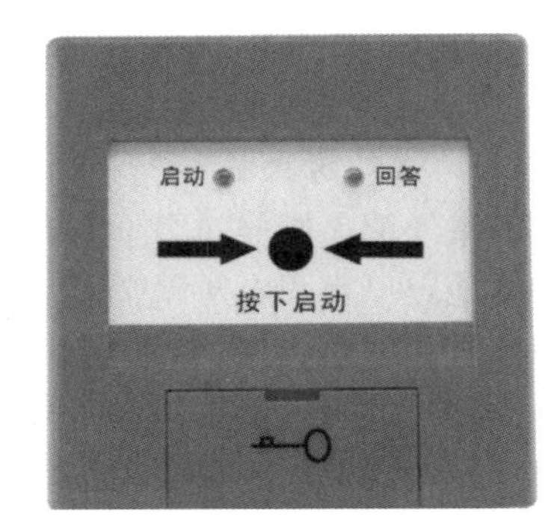

c) 消火栓按钮

图2-26　消火栓按钮

（三）消火栓系统检测

1. 抽检比例

室内消火栓按楼层（防火分区）总数不少于20%抽检，且不得少于5层（个）；总数少于5层（个）的全检，抽检楼层（防火分区）室内消火栓系统设置全检，消火栓箱核查点不少于3处，且应覆盖所有供水分区及竖管；室内消火栓少于3处的全检，水压核查点不少于1处。

2. 室内消火栓

1）建筑室内消火栓的设置位置应满足火灾扑救要求，并应符合下列规定。

① 室内消火栓应设置在楼梯间及其休息平台和前室、走道等明显易于取用，以及便于火灾扑救的位置。

② 住宅的室内消火栓宜设置在楼梯间及其休息平台。

③ 汽车库内消火栓的设置不应影响汽车的通行和车位的设置，并应确保消火栓的开启。

④ 同一楼梯间及其附近不同层设置的消火栓，其平面位置宜相同。

⑤ 冷库的室内消火栓应设置在常温穿堂或楼梯间内。

2）设有室内消火栓的建筑应设置带有压力表的试验消火栓，其设置位置应符合下列规定。

① 多层和高层建筑应在其屋顶设置，严寒、寒冷等冬季结冰地区可设置在顶层出口处或水箱间内等便于操作和防冻的位置。

② 单层建筑宜设置在水力最不利处，且应靠近出入口。

③ 查阅设计图纸和资料，核查带有压力表的试验消火栓实际设置部位。

3）室内消火栓栓口压力应符合下列规定。

① 当消火栓栓口动压力大于 0.70MPa 时，必须设置减压装置。

② 高层建筑、厂房、库房和室内净空高度超过 8m 的民用建筑等场所，消火栓栓口动压不应小于 0.35MPa；其他场所的消火栓栓口动压不应小于 0.25MPa。

③ 在各供水分区选择压力最大处消火栓（最有利点），将消防水龙带一端接在消火栓栓口上，另一端接上消火栓试验装置（含压力表）。一人拉开水龙带，持消火栓试验装置（含压力表）到达适宜喷水的位置，另一人触发启泵按钮，核查消防泵启动和信号显示，逆时针打开栓口控制阀使水喷出；读取并记录栓口出水压力，核查减压装置。

④ 在各供水分区选择压力最小处消火栓（最不利点），按上述方法测量栓口出水压力。

3. 室外消火栓

室外消火栓的间距不应大于 120m。室外消火栓应布置在消防车易于接近的人行道和绿地等地点，且不应妨碍交通，距路边不宜小于 0.5m，并不应大于 2m；距建筑外墙或外墙边缘不宜小于 5m；应避免设置在机械易撞击的地点，当确有困难时应采取防撞措施。

室外地上式消火栓，应有 1 个 *DN*150 或 *DN*100 和 2 个 *DN*65 的栓口。

室外地下式消火栓应有明显标志，井内应无积水，应有 *DN*100 和 *DN*65 的栓口各 1 个。

当市政给水管网设有市政消火栓时，其平时运行工作压力不应小于 0.14MPa，火灾时市政消火栓最不利点的出流量不应小于 15L/s，且供水压力从地面算起不应小于 0.10MPa。

室外消火栓宜沿建筑周围均匀布置，且不宜集中布置在建筑一侧；建筑消防扑救面一侧的室外消火栓数量不宜少于 2 个。

4. 消火栓按钮

临时高压每个消火栓处均应设消火栓按钮。当设置消火栓按钮时，消火栓按钮的动作信号应作为报警信号及启动消火栓泵的联动触发信号，由消防联动控制器联动控制消火栓泵的启动。消火栓按钮可作为发出报警信号的开关或启动干式消火栓系统的快速启闭装置。按钮手动复位，确认灯随之复位。

四、消防水系统检测

（一）检测项目

消防水系统检测项目见表 2-6。

表 2-6 消防水系统检测项目

序号	项目	检测内容	检测类别
1	消防供水	消防水池 消防水箱 增压泵及气压水罐 消防水泵 水泵接合器安装	A A A A B

（续）

序号	项目	检测内容	检测类别
2	室内消火栓系统	消火栓箱体 室内消火栓 消火栓给水系统综合性能	C B A
3	室外消火栓系统	出水压力、防冻措施	B
4	启泵按钮	触发按钮 按钮确认灯和反馈信号	A B
5	消防炮	入口控制阀 回转与仰俯角度及定位机构	B A
6	自动喷水灭火系统	湿式报警阀 干式报警阀 雨淋阀 水流指示器 末端试水装置 管道安装 喷头 系统联动功能	A A A A B C A A
7	水喷雾灭火系统	水雾喷阀的外观及安装质量 雨淋阀的安装和功能 过滤器的设置和功能 管道安装质量 消防用水量	C B B B A
8	水幕、雨淋系统	系统功能	A

注：表中检测类别的划分是按其大多数检测项分类确定的。B类或C类检测内容的某些性能指标的检测项可能属于A类，而总体属于A类的检测内容，其部分检测项可能属于B类或C类。

（二）检测要求

系统验收合格判定的条件为：$A=0$，$B\leq2$，且 $B+C\leq6$；否则为不合格。

评价反馈

对消火栓系统安装检查与调试检测的评价反馈见表2-7（分小组布置任务）。

表2-7　对消火栓系统安装检查与调试检测的评价反馈

序号	检测项目	评价任务及权重	自评	小组互评	教师评价
1	消火栓检查的完整性	消火栓检查是否完整，缺少1项扣5分（共20分）			
2	消火栓系统调试与检测过程的正确性	消火栓系统调试与检测过程是否正确，1项不正确扣5分（共30分）			

（续）

序号	检测项目	评价任务及权重	自评	小组互评	教师评价
3	消防水系统检测不合格项阐述的正确性	消防水系统检测不合格项阐述，1 个步骤不正确扣 5 分（共 30 分）			
4	完成时间	规定时间内没完成者，每超过 2min 扣 2 分（共 10 分）			
5	工作纪律和态度	团队协作能力差，不爱护环境者，酌情扣 5～10 分（共 10 分）			
任务总评	优(90～100)□　良(80～90)□　中(70～80)□　合格(60～70)□　不合格(小于 60)□				

项目三

自动喷水灭火系统安装与调试检测

项目概述

本项目的主要内容是认识自动喷水灭火系统的外形，阐述自动喷水灭火系统原理，检查自动喷水灭火系统安装的完整性，完成自动喷水灭火系统的调试检测。

教学目标

1. 知识目标

认识自动喷水灭火系统的分类，掌握自动喷水灭火系统组件的安装调试方法。

2. 技能目标

能够正确选用自动喷水灭火系统附件，并进行安装；能够对自动喷水灭火系统进行调试检测。

职业素养提升要点

自动喷水灭火系统的安装应合理规范，调试检测过程中应对施工安全与质量进行严格把关，杜绝偷工减料的情况出现，坚守职业道德底线。

任务一　自动喷水灭火系统安装

任务描述

本任务的主要内容是认识自动喷水灭火系统的分类及原理，掌握自动喷水灭火系统相关组件的安装要求，熟悉喷头的公称动作温度。

自动喷水灭火系统的分类与湿式自动喷水灭火系统

任务实施

一、自动喷水灭火系统的分类

（一）湿式系统

湿式系统是指准工作状态时管道内充满用于启动系统的有压水的闭式系统。如图 3-1 所示为湿式报警阀组。

识别技巧：湿式系统具有一个零部件——延迟器（小罐子状）。

（二）干式系统

干式系统是指准工作状态时管道内充满用于启动系统的有压气体的闭式系统。

识别技巧：干式系统的干式报警阀（图 3-2）比其他报警阀大。

图 3-1　湿式报警阀组

（三）预作用系统

预作用系统是指准工作状态时管道内充以有压气体，由火灾自动报警系统或闭式喷头作为探测元件，自动开启雨淋阀或预作用报警阀组后，转换为湿式系统的闭式系统。

识别技巧：预作用系统有两套报警阀组（图 3-3）。

图 3-2　干式报警阀组

图 3-3　预作用报警阀组

（四）雨淋系统

雨淋系统是指由火灾自动报警系统或传动管控制，自动开启雨淋阀和启动消防水泵后，向开式洒水喷头供水的自动喷水灭火系统。如图 3-4 所示为雨淋阀组。

识别技巧：雨淋系统喷头为开式喷头，且配备电磁阀。

自动喷水灭火系统的重要组件如图 3-5 所示。其作用见表 3-1。

表 3-1　自动喷水灭火系统重要组件的作用

组件名称	作用
水箱	作为供水设备
水泵	作为增压设备

（续）

组件名称	作用
水力警铃	靠水力驱动发出警报声；告知发生火灾报警阀已启动，起现场报警作用
水流指示器	将水流信号转换成电信号
电磁阀	远程控制打开报警阀开关
信号蝶阀	将蝶阀开关状态转化成电信号
压力开关	将水压信号转换为电信号
延迟器	延迟报警时间 5～90s，防止误报
充气设备	为干式系统或预作用系统充装气体

图 3-4　雨淋阀组

图 3-5　自动喷水灭火系统的重要组件

二、自动喷水灭火系统控制原理

（一）湿式自动喷水灭火系统

湿式系统是闭式系统，其配水管网平时充满水并维持一定压力，只能设置于环境温度不低于 4℃，且不高于 70℃的场所。

平时湿式报警阀的上、下腔充满相同压力的水。发生火灾后，闭式喷头达到公称动作温度而开放喷水，导致湿式报警阀阀瓣的上、下水压失衡，阀瓣上侧压力降低，下侧仍为高压，阀瓣在压差作用下开启。压力水进入配水管网，同时从阀的信号口流入报警管路，经延迟器进入水力警铃而发出持续强劲的声响。水压使压力开关动作，信号传到控制盘，由控制盘发出启动消防主泵的指令。至此，系统进入灭火状态。湿式自动喷水灭火系统示意图如图 3-6 所示，湿式自动喷水灭火系统的工作流程如图 3-7 所示。

（二）干式自动喷水灭火系统

干式自动喷水灭火系统适用于环境温度 $T<4$℃或 $T>70$℃的场所，如低于 4℃的冷冻库、寒冷地区不采暖的房间等火灾危险性不高的场所，以及超过 70℃的生产车间。

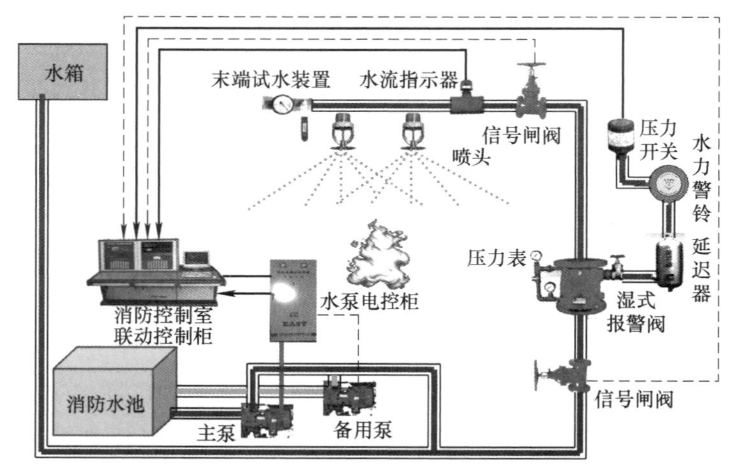

图 3-6 湿式自动喷水灭火系统示意图

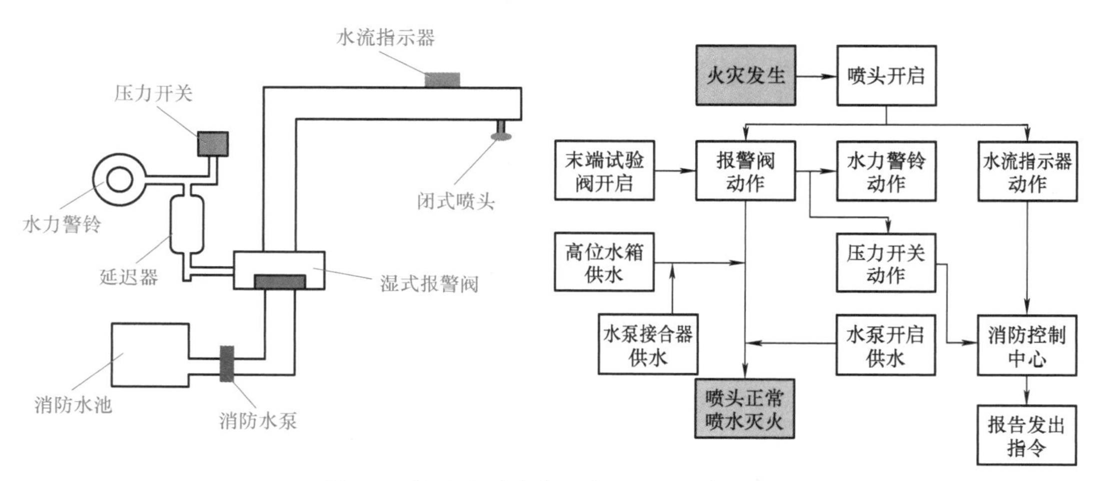

图 3-7 湿式自动喷水灭火系统的工作流程

干式系统喷头为常闭的灭火系统，管网中平时不充水，充有有压空气或氮气，不怕冻结，不怕环境温度高。当建筑物发生火灾，温度达到开启闭时喷头时，喷头开启排气、充水灭火。干式系统示意图及工作流程如图 3-8 和图 3-9 所示。

保护区域内发生火灾时，温度升高使闭式喷头玻璃球炸裂而使喷头，开启释放压力气体。这时干式报警阀系统侧压力降低，供水压力大于系统侧压力，产生压差，使阀瓣打开（干式报警阀开启）。其中一路压力水流向洒水喷头，对保护区洒水灭火，水流指示器报告起火区域；另一路压力水流向水力警铃，发出持续铃声报警。当阀组或稳压泵的压力开关输出启动供水泵信号时，系统启动完成。系统启动后，由供水泵向开放的喷头供水，开放喷头按不低于设计规定的喷水强度均匀喷水，实施灭火。

（三）预作用自动喷水灭火系统

预作用自动喷水灭火系统主要由闭式喷头、管网系统、预作用阀组充气设备、供水设备、火灾探测报警系统等组成。在预作用系统中，平时预作用阀后管网充以低压压缩空气或氮气（也可以是空管），火灾时，由火灾探测

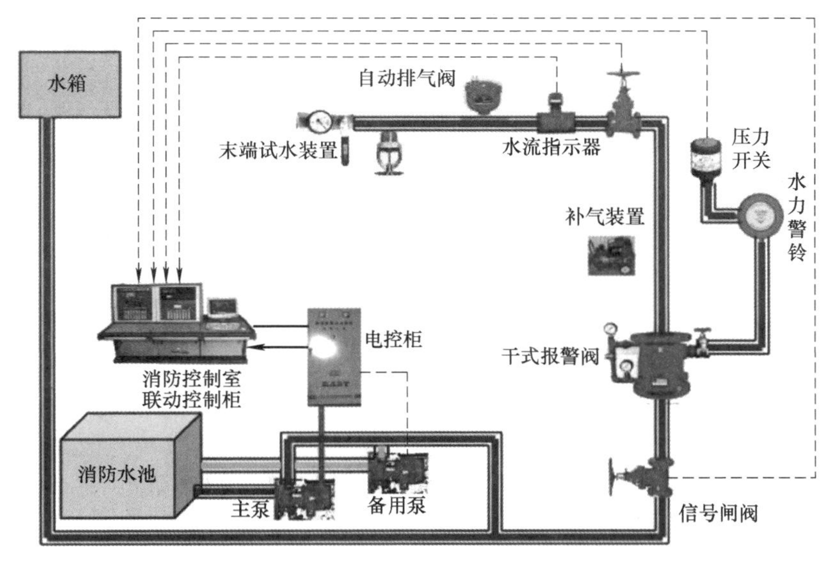

图 3-8　干式自动喷水灭火系统示意图

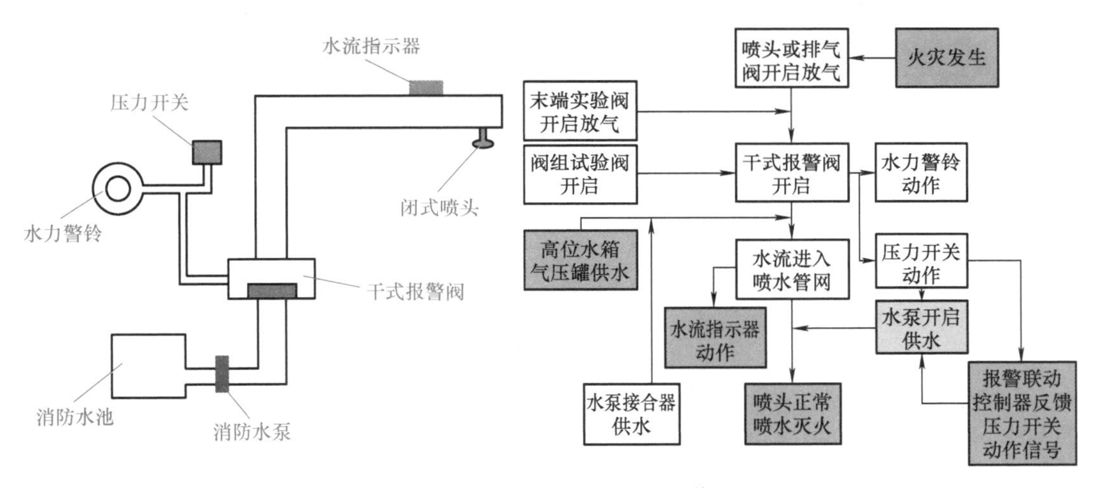

图 3-9　干式自动喷水灭火系统工作流程

系统自动开启预作用阀，使管道充水成临时湿式系统。该系统要求火灾探测器的动作先于喷头的动作，而且应确保当闭式喷头受热开放时管道内已充满压力水。水流在配水支管中的流速不应大于 2m/s，以此来确定预作用系统管网最长的保护距离。预作用自动喷水灭火系统示意图和工作流程如图 3-10 和图 3-11 所示。

1. 预作用单连锁启动方式

不充气单连锁预作用系统，消防联动控制器处于自动状态下。当火灾报警系统接收到同一报警区域内两只及两只以上独立感烟火灾探测器，或一只感烟火灾探测器与一只手动火灾报警按钮的报警信号时，作为触发信号，消防联动控制器自动启动预作用装置的电磁阀，从而控制预作用装置的开启，同时自动启动消防泵。该控制方式受消防控制室处于自动或手动状态的影响。

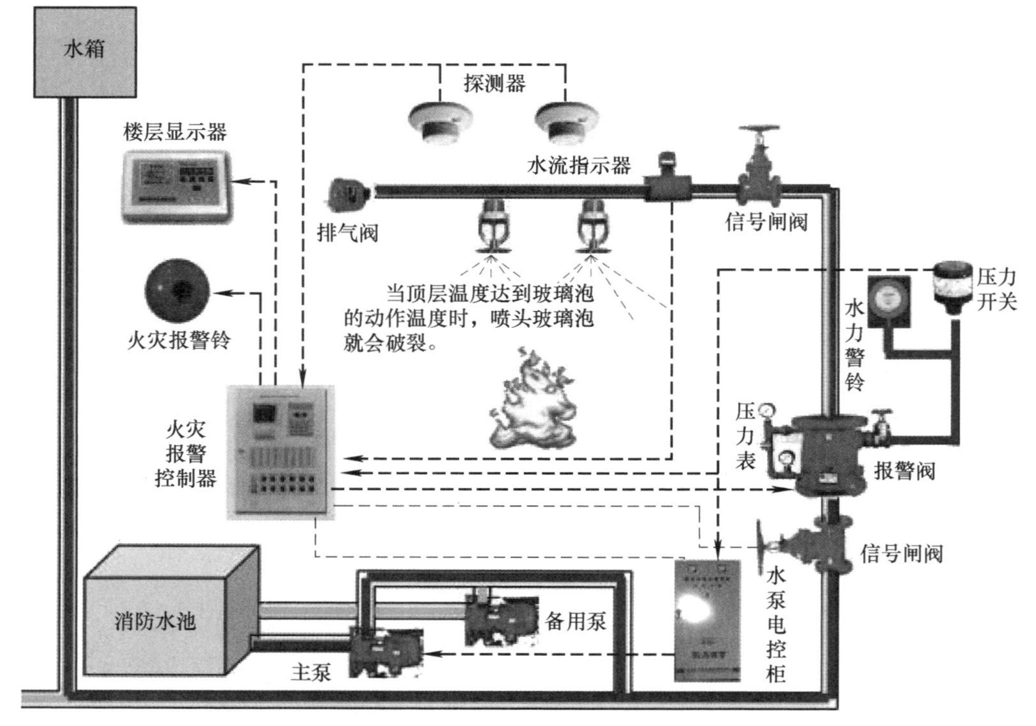

图 3-10　预作用自动喷水灭火系统示意图

2. 预作用双连锁启动方式

充气双连锁预作用系统，消防联动控制器处于自动状态下。当火灾报警系统接收到火灾探测器或手动火灾报警按钮报警信号与充气管道上压力开关报警信号时，作为触发信号，消防联动控制器自动开启预作用装置的电磁阀，从而启动预作用装置，同时自动启动消防泵。该控制方式受消防控制室处于自动或手动状态的影响。

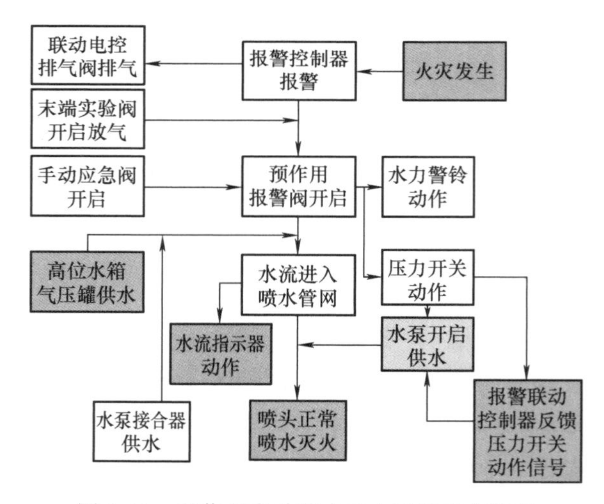

图 3-11　预作用自动喷水灭火系统工作流程

(四) 雨淋系统

雨淋自动喷水灭火系统由开式洒水喷头、雨淋报警阀组以及管道和供水设施等组成，由火灾报警自动报警系统或传动管控制，自动开启雨淋报警阀和启动供水泵后，向开式洒水喷头供水。

根据《火灾自动报警系统设计规范》（GB 50116—2013），雨淋系统的联动控制设计应符合下列规定。

1）联动控制方式，应由同一报警区域内两只及两只以上独立感温火灾探测器，或一只

感温火灾探测器与一只手动火灾报警按钮的报警信号，作为雨淋阀组开启的联动触发信号。由消防联动控制器控制雨淋阀组的开启。

2）手动控制方式，应将雨淋消防泵控制箱（柜）的启动和停止按钮、雨淋阀组的启动和停止按钮，用专用线路直接连接至设置在消防控制室内的消防联动控制器的手动控制盘，直接手动控制雨淋消防泵的启动、停止及雨淋阀组的开启。

3）水流指示器、压力开关、雨淋阀组、雨淋消防泵的启动和停止的动作信号应反馈至消防联动控制器。

雨淋系统示意图及工作流程如图 3-12 和图 3-13 所示。

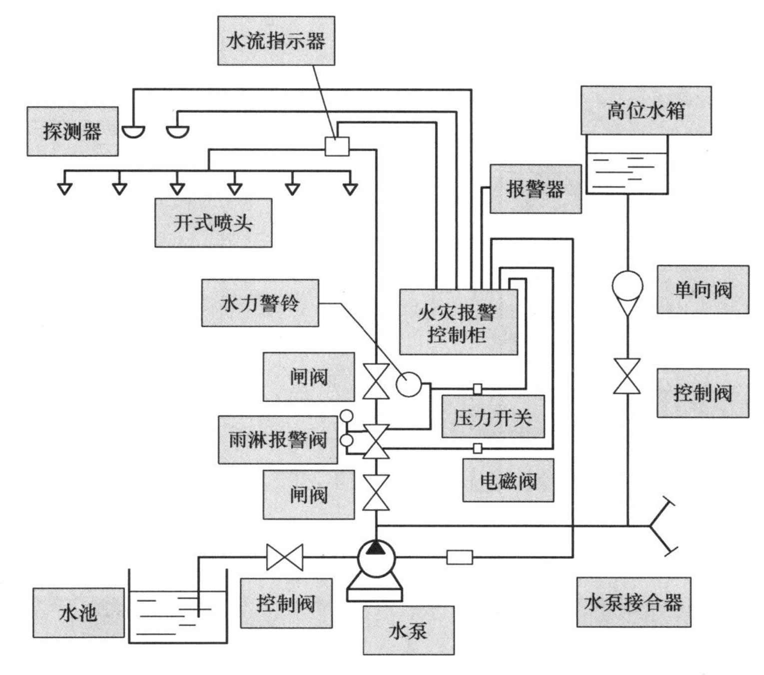

图 3-12　雨淋自动喷水灭火系统示意图

三、自动喷水灭火系统相关组件的安装

自动喷水灭火系统施工及验收流程如图 3-14 所示。

（一）消防、喷淋管道安装

1. 消防管道设置要求

1）消防给水管穿过地下室外墙、构筑物墙壁以及屋面等时应符合防水要求。

2）消防给水管穿过墙体或楼板时要加设套管，套管长度不小于墙体厚度，或高出楼地面 50mm；套管与管道的间隙应采用不燃材料填塞，管道的接口不应位于套管内。图 3-15 所示为消防水管穿过墙体或楼板时的典型安装错误。

3）消防给水管必须穿过伸缩缝及沉降缝时，应采用波纹管和补偿器等技术措施，如图 3-16 所示。

4）消防给水管可能发生冰冻时，要采取防冻技术措施；架空管道外刷红色油漆或涂红色环圈标志，并注明管道名称和水流方向标识，如图 3-17 所示。红色环圈标志，宽度不应小于 20mm，间隔不宜大于 4m；在一个独立的单元内，环圈不宜少于两处。

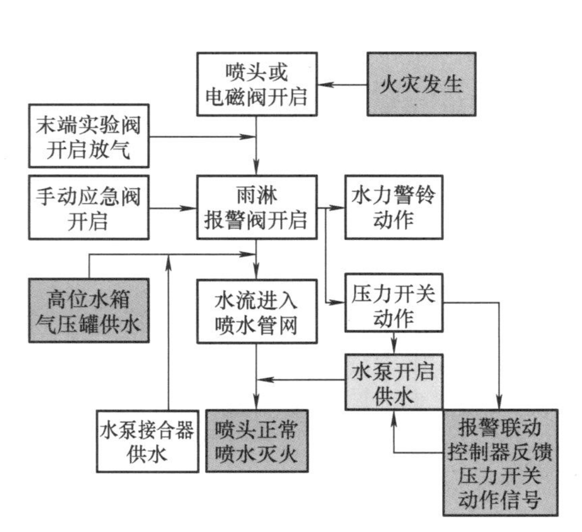

图 3-13　雨淋自动喷水灭火系统工作流程

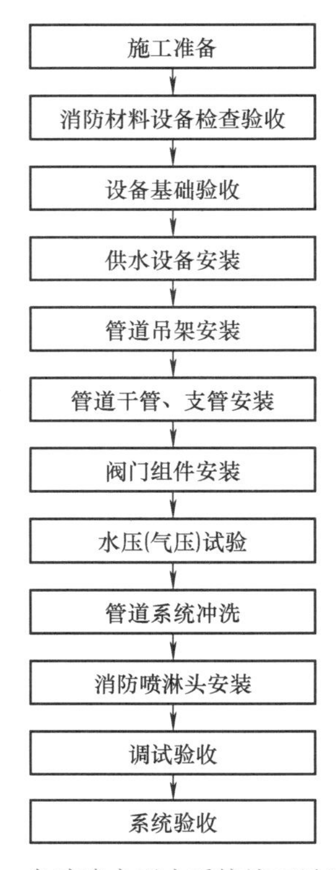

图 3-14　自动喷水灭火系统施工及验收流程

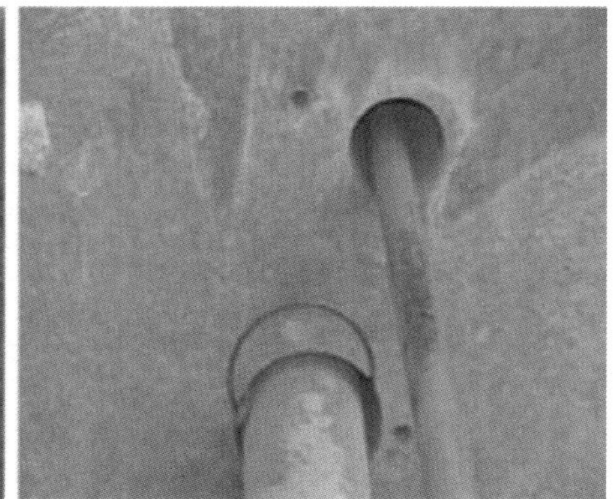

图 3-15　消防水管穿过墙体或楼板时的典型安装错误

2. 自动喷水管道支、吊架的安装

1）自动喷水管道支、吊架的最大允许间距主要由其所承受的垂直方向载荷来决定，它应满足强度条件和刚度条件，见表 3-2。

图 3-16　消防给水管穿过伸缩缝或沉降缝时的安装方式

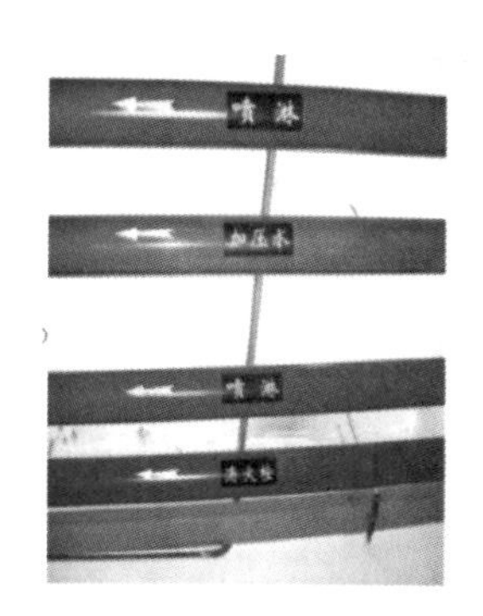

图 3-17　管道上注明管道名称和水流方向标识

表 3-2　自动喷水管道支、吊架最大间距

公称管径/mm	25	32	40	50	70	80	100	125	150
管距/m	3.5	4.0	4.5	5.0	6.0	6.0	6.5	7.0	8.0

2）支、吊架的受力部件（如横梁、吊杆、螺栓等）应符合设计要求和国家现行规范规定。

3）支、吊架的安装位置，不应妨碍喷头的喷水效果。支、吊架与喷头之间的距离不宜小于 300mm，与末端喷头之间的距离不宜大于 750mm。

4）支、吊架应使管道中心与墙的距离符合设计要求，管道表面与墙或柱表面的净距不应小于 60mm。大口径的阀门应设专门支、吊架，不得以管道承重。

5）配水管上每一直管段、相邻两喷头之间的管段上设置的吊架均不宜少于一个；当喷头之间的距离小于 1.8m 时，可隔段设置吊架，但吊架的间距不宜大于 3.6m。

6）当管道的公称直径大于或等于 50mm 时，每段配水干管或配水管设置防晃支架不应少于一个；当管道改变方向时，应增设防晃支架。

7）竖直安装的配水干管应在其始端和终端设防晃支架或采用管卡固定，其安装位置距地面或楼面的距离宜为 1.5～1.8m。

（二）报警阀的安装

报警阀的安装应具备以下条件。

1）报警阀的铭牌、规格、型号应符合设计图样要求。

2）报警阀组合体配件完好齐全；阀瓣启用灵活，密封性好；阀体内清洁，无异物堵塞。

3）系统的主要管网已安装完毕。

报警阀应安装在明显而便于操作的地点，距地面高度一般为 1m 左右，两侧距墙不小于 0.5m，下面距墙不小于 1.2m。安装报警阀的室内地面应采取排水措施。

（三）喷头的安装

1）在安装喷头前，管道系统应经过试压、冲洗。

2）喷头在安装时，应使用专用扳手，严禁利用喷头的框架施拧。当喷头的框架、溅水盘变形或释放原件损伤时，应换上规格、型号相同的喷头；当喷头孔口小于 *DN*10 时，在干管上应安装过滤器，以免杂物进入管道，使孔口堵塞。

3）喷洒头的两翼方向应成排统一安装。护口盘要紧贴吊顶，走廊单排的喷头两翼应横向安装。

4）喷头安装时，不得对喷头进行拆装、改动，并严禁给喷头附加任何装饰性涂层。

5）直立式边墙型喷头溅水盘与顶板间距应在 100～150mm 之间，与背墙间距应在 50～100mm 之间。

6）除吊顶型喷头及吊顶下安装的喷头外，直立型、下垂型标准喷头的溅水盘与顶板间距应在 75～150mm 之间。

7）净空高度不超过 8m 的场所中，间距不超过 4m×4m 布置的十字梁，可在梁间布置 1 只喷头。

8）防火分隔水幕的喷头布置，应保证水幕的宽度不小于 6m；采用水幕喷头时，喷头不应少于 3 排；采用开式洒水喷头时，喷头不应少于 2 排；防护冷却水幕喷头宜单排布置。

9）当梁、通风管道、排管、桥架宽度大于 1.2m 时，增设的喷头应安装在其腹面以下部位。

10）货架内喷头上方如有孔洞、缝隙，应在喷头的上方设置集热挡水板。集热挡水板应为正方形或圆形金属板，其平面面积不宜小于 0.12m^2，周围弯边的下沿，宜与喷头的溅水盘平齐。

喷头安装间距要求见表 3-3 和表 3-4。

表 3-3　直立型、下垂型喷头与端墙最大间距要求

喷水强度 [L/(min·m^2)]	正方形布置的 边长/m	矩形或平行四边形 布置的长边边长/m	一只喷头的最大 保护面积/m^2	喷头与端墙的最大 距离/m
4	4.4	4.5	20	2.2
6	3.6	4.0	12.5	1.8
8	3.4	3.6	11.5	1.7
≥12	3.0	3.6	9.0	1.5

注：1. 仅在走道设置单排喷头的闭式系统，其喷头间距应按走道地面不留漏喷水空白点确定。
2. 喷水强度大于 8L/(min·m^2) 时，宜采用流量系数 $K>80$ 的喷头。
3. 货架内置喷头的间距不应小于 2m，并不大于 3m。

表 3-4　边墙型标准喷头最大保护跨度与间距要求

设置场所火灾危险等级	轻危险级	中危险级Ⅰ级
配水支管上喷头的最大间距/m	3.6	3.0
单排喷头的最大保护跨度/m	3.6	3.0
两排相对喷头的最大保护跨度/m	7.2	6.0

注：1. 两排相对喷头交错布置。
2. 室内跨度大于两排相对喷头最大保护跨度时，应在两排相对喷头中间增设一排喷头。

四、喷头识别与分类

（一）自动洒水喷头识别

自动洒水喷头是整个自动喷水灭火系统对火灾作出响应的核心部件，它是在热的作用下，在预定的温度方位内自行启动，或根据火灾信号由控制设备启动，并按设计的洒水形状和流量洒水的一种喷水装置。

（二）自动洒水喷头分类

1. 按结构形式分类

（1）闭式喷头　具有释放机构的洒水喷头，如图 3-18 所示。

（2）开式喷头　无释放机构的洒水喷头，如图 3-19 所示。

图 3-18　闭式喷头

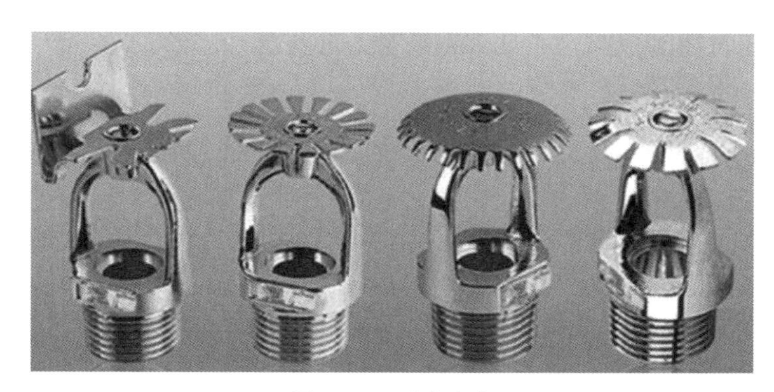

图 3-19　开式喷头

2. 根据热敏感元件分类

（1）易熔元件喷头　通过易熔元件受热熔化而开启的喷头，如图 3-20 所示。

（2）玻璃球喷头　通过玻璃球内充装的液体受热膨胀使玻璃球爆破而开启的喷头，如图 3-21 所示。

图 3-20　易熔元件喷头

图 3-21　玻璃球喷头

3. 根据安装位置和水的分布分类

如图 3-22 所示，可分为直立型喷头、下垂型喷头、边墙型喷头、通用型喷头。

a) 直立型喷头

b) 下垂型喷头

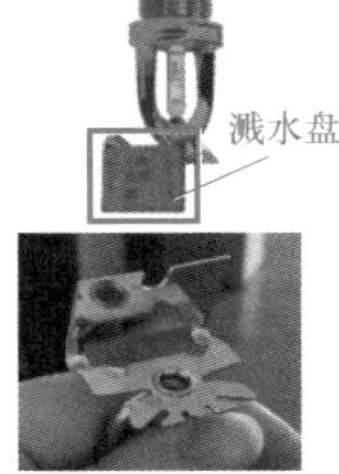

c) 边墙型喷头

d) 通用型喷头

图 3-22　喷头根据安装位置和水的分布分类

4. 按灵敏度分类

喷头以响应时间系数（RTI）从小到大分为三类：快速响应喷头、特殊响应喷头、标准响应喷头，如图 3-23 所示。直观上来看，响应系数越小，玻璃球的直径就越小。从洒水盘上的标号也可以区分三种类别：特殊响应喷头洒水盘上标有“T”；快速响应喷头则标有“K”；标准响应喷头不标注。

a) 快速响应喷头

b) 特殊响应喷头

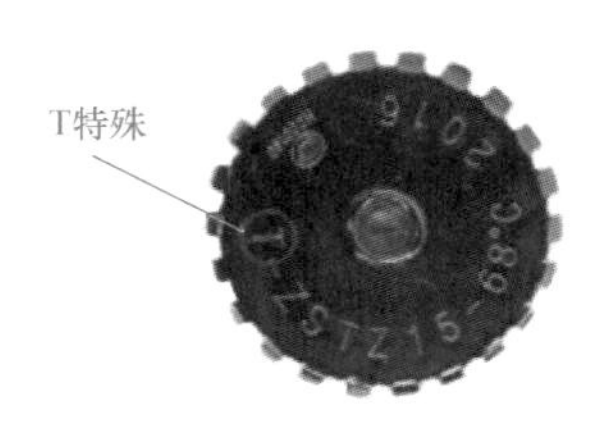

c) 标准响应喷头

图 3-23　喷头按灵敏度分类

5. 按动作温度分类（图 3-24）

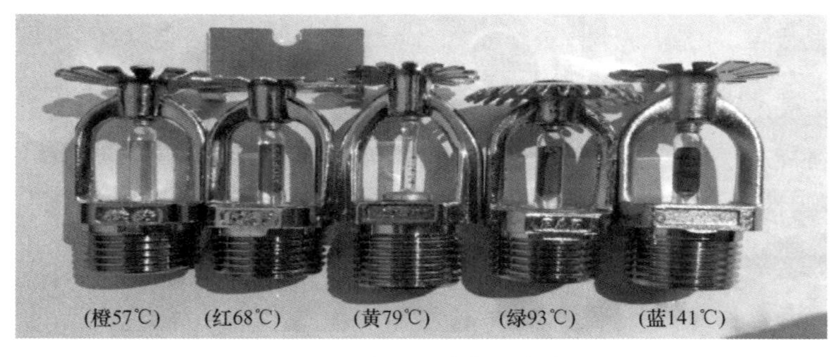

图 3-24　喷头按动作温度分类

评价反馈

对自动喷水灭火系统安装的评价反馈见表 3-5（分小组布置任务）。

表 3-5　对自动喷水灭火系统安装的评价反馈

序号	检测项目	评价任务及权重	自评	小组互评	教师评价
1	自动喷水灭火系统外形认识的正确性	对自动喷水灭火系统外形认识是否正确，1 项不正确扣 5 分（共 20 分）			
2	自动喷水灭火系统原理阐述的正确性	自动喷水灭火系统原理阐述是否正确，1 项不正确扣 5 分（共 20 分）			

（续）

序号	检测项目	评价任务及权重	自评	小组互评	教师评价
3	喷头公称动作温度阐述的正确性	喷头公称动作温度阐述是否正确，1项不正确扣5分（共20分）			
4	自动喷水灭火系统安装检查的完整性	自动喷水灭火系统安装检查是否完整，缺1项扣5分（共20分）			
5	完成时间	规定时间内没完成者，每超过2min，扣2分（共10分）			
6	工作纪律和态度	团队协作能力差，不爱护设备和环境，纪律差者，酌情扣5~10分（共10分）			
任务总评	优(90~100)□　良(80~90)□　中(70~80)□　合格(60~70)□　不合格(小于60)□				

任务二　自动喷水灭火系统调试检测

任务描述

本任务的主要内容是掌握自动喷水灭火系统的调试步骤、操作过程及检测要点，以及检测不合格的判定标准。

自动喷水灭火系统调试检测

任务实施

一、自动喷水灭火系统调试

（一）系统调试准备

系统调试需要具备下列条件。

1）消防水池、消防水箱已储存设计要求的水量。

2）系统供电正常。

3）消防气压给水设备的水位、气压符合消防设计要求。

4）湿式喷水灭火系统管网内充满水；干式、预作用喷水灭火系统管网内的气压符合消防设计要求；阀门均无泄漏。

5）与系统配套的火灾自动报警系统调试完毕，处于工作状态。

（二）系统调试要求及功能性检测

系统调试内容包括水源测试、消防泵性能试验、报警阀性能试验、排水装置试验、联动试验和火灾模拟试验。

1）水源测试的内容和要求。

① 检查室外水源管道的压力和流量，是否符合设计要求。

② 核实屋顶上容积是否符合规范规定。

③ 核实消防水池是否符合规范规定。

④ 核实水泵接合器的数量和供水是否满足系统灭火的要求，并用消防车进行供水试验。

2）消防泵性能试验方法和要求。

① 以自动或手动方式启动消防水泵时，消防水泵应在55s内投入正常运行。以备用电源切换方式或备用泵切换启动消防水泵时，消防水泵应在1min或2min内投入正常运行。

② 达到设计流量和压力，其压力表指针应稳定。运转中无异常声响和振动，各密封部位不得有泄漏现象，各滚动轴承温度应不高于75℃，滑动轴承的温度应不高于70℃。

3）报警阀组性能试验。报警阀组调试按照湿式报警阀组、干式报警阀组、预作用装置、雨淋报警阀组的特点进行。报警阀组调试前，应先检查报警阀组组件，确保其组件齐全、装配正确；在确认安装符合消防设计要求和消防技术标准规定后，再进行调试。

① 湿式报警阀组：湿式报警阀组调试时，从试水装置处放水。当湿式报警阀进水压力大于0.14MPa、放水流量大于1L/s时，报警阀启动，带延迟器的水力警铃在5～90s内发出报警铃声；不带延迟器的水力警铃应在15s内发出报警铃声，压力开关动作，并反馈信号。

② 干式报警阀组：干式报警阀组调试时，开启系统试验阀，报警阀的启动时间、启动点压力、水流到试验装置出口所需时间等符合消防设计要求。

③ 雨淋报警阀组：雨淋报警阀组调试宜利用检测、试验管道进行。自动和手动方式启动的雨淋报警阀，在联动信号发出或者手动控制操作后15s内启动；公称直径大于200mm的雨淋报警阀，在60s之内启动。雨淋报警阀调试过程中，当报警水压为0.05MPa时，水力警铃发出报警铃声。

预作用装置的调试按照湿式报警阀组和雨淋报警阀组的调试要求进行。湿式报警阀组、干式报警阀组、预作用装置、雨淋报警阀组采用压力表、流量计、秒表、声强计测量，并进行观察检查。

4）系统排水装置试验。

① 开启排水装置的主排水阀，按系统最大设计灭火水量做排水试验，并使压力达到稳定。

② 试验过程中，从系统排出的水应全部排走。

5）系统联动试验方法和要求。

① 感烟探测器用专用测试仪输入模拟烟信号后，应在15s内输出报警和启动系统执行信号，准确、可靠地启动系统。

② 感温探测器专用测试仪输入模拟信号后，在20s内输出报警和启动系统执行信号，准确、可靠地启动系统。

③ 启动一只喷头或以0.94～1.5L/s的流量从末端试水装置处放水，水流指示器、压力开关、水力警铃和消防水泵等应及时动作并发出相应的信号。

自动喷水灭火系统组件的工作状态见表3-6。

表3-6　自动喷水灭火系统组件的工作状态

组件	准工作状态	打开末端试水装置	喷头开启	打开报警阀泄水阀	打开警铃试验阀
末端试水装置	—	出水且出水压力不低于0.05MPa	—	—	—
洒水喷头	—	—	除开启喷头外，其他喷头不动作	—	—

（续）

组件		准工作状态	打开末端试水装置	喷头开启	打开报警阀泄水阀	打开警铃试验阀
水流指示器		—	动作	动作	—	—
报警阀组	报警阀	—	动作	动作	动作	—
	压力开关	—	动作	动作	动作	动作
	水力警铃	—	动作	动作	动作	动作

（三）自动喷水灭火系统联动功能调试步骤

1. 湿式系统

湿式系统的联动功能调试步骤为：打开末端试水装置—报警阀启动—5～90s 后报警阀压力开关启动，水力警铃报警—水泵启动—关闭末端试水装置—消音、复位。

2. 干式系统

（1）干式系统开启调试步骤　打开末端试水装置—报警阀启动—水泵启动—警铃动作，压力开关动作—关闭末端试水装置—消声、复位。

（2）干式系统关闭调试步骤　按下弹簧按钮—关闭蝶阀—打开液封—调节气体—打开蝶阀。

3. 预作用系统

（1）预作用系统开启调试步骤　吹烟—报警阀启动—压力开关动作—启动水泵。

（2）预作用系统关闭调试步骤　控制器复位—报警阀下部蝶阀关闭—打开紧急启动按钮—报警阀复位—关闭紧急启动按钮—打开液封—调节气体—打开蝶阀。

4. 雨淋系统

（1）雨淋系统开启调试步骤　两个温感动作—报警阀启动—压力开关动作—启动水泵。

（2）雨淋系统关闭调试步骤　控制器复位—报警阀下部蝶阀关闭—打开紧急启动按钮—报警阀复位—紧急启动按钮关闭—打开蝶阀。

二、自动喷水灭火系统检测

（一）抽检比例

1）报警阀组、压力开关全检。

2）水流指示器按安装总数的 30% 抽检，且不得少于 5 处；少于 5 处的全检。

3）末端试水装置全检；试水阀按安装总数的 20% 抽检，且不得少于 5 处；少于 5 处的全检。

4）管网按楼层（防火分区）总数的 20% 抽检，且不得少于 5 层（个）；总数少于 5 层（个）的全检。

5）抽检楼层的核查点不少于 3 处。

6）喷头按安装总数的 10% 抽检，且不得少于 40 处；少于 40 处的全检。

（二）部件检测

1. 水源

1）检查室外给水管网的进水管管径、数量和供水能力。

2）检查高位消防水箱、消防水池的消防有效容积和水位测量与指示装置。

3）检查消防气压给水装置的供水工作参数。

4）采用地表天然水源作为消防水源时，检查其水位、水量、水质等，并根据有效水文资料检查天然水源枯水期的最低水位、常水位、洪水位。

2. 消防水箱

高位消防水箱包括屋顶消防水箱、分区消防水箱（或中间消防水箱）等，其功能是储存消防用水，为室内消防给水系统提供扑灭初期火灾所需的水量和水压。凡采用临时高压消防给水系统时，均应设高位消防水箱。

1）高位消防水箱的设置位置和容积应符合相应规范的要求。

① 对于一类高层公共建筑，不应小于 $36m^3$；但当建筑高度大于 100m 时，不应小于 $50m^3$；当建筑高度大于 150m 时，不应小于 $100m^3$。

② 对于多层公共建筑、二类高层公共建筑和一类高层住宅，不应小于 $18m^3$；当一类高层住宅建筑高度超过 100m 时，不应小于 $36m^3$。

③ 对于二类高层住宅，不应小于 $12m^3$。

④ 对于建筑高度大于 21m 的多层住宅，不应小于 $6m^3$；对于工业建筑，当室内消防给水设计流量小于或等于 25L/s 时，不应小于 $12m^3$；当室内消防给水设计流量大于 25L/s 时，不应小于 $18m^3$。

⑤ 对于总建筑面积大于 $10000m^2$ 且小于 $30000m^2$ 的商店建筑，不应小于 $36m^3$；对总建筑面积大于 $30000m^2$ 的商店，不应小于 $50m^3$。

⑥ 消防用水与其他用水合用的水箱，应采取消防用水不做他用的技术措施。

⑦ 重力自流的消防水箱应设置在建筑的最高部位，对于消火栓系统，出水管的公称直径不应小于 *DN*100。

⑧ 除串联的消防给水系统外，火灾时由消防水泵供给的消防用水不应进入高位消防水箱。

⑨ 消防水箱可分区设置，并联给水方式的分区消防水箱容量应与高位消防水箱相同。

2）当建（构）筑物不设置高位水箱时，系统应设气压给水设备，其有效水容积应按系统最不利点处 4 只喷头在最低工作压力下的 10min 用水量确定。干式系统、预作用系统设置的气压给水设备，应同时满足配水管道的充水要求。消防水箱的出水管上应设止回阀，并应与报警阀入口前的管道连接。出水管的公称直径，对于中危险级场所的系统，不应小于 *DN*80；对于严重危险级、仓库危险级场所的系统，不应小于 *DN*100。

图 3-25 消防水泵房

3. 消防水泵房

1）独立设置的消防水泵房（图 3-25），其耐火等级不应低于二级。附设在建筑内的消防水泵房，应采用耐火极限不低于2.0h的隔墙和1.5h的楼板与其他部位隔开，并应设甲级防火门。

2）当消防水泵房设置在首层时，其出口应直通室外。当设在地下室或其他楼层时，其出口应直通室外或安全出口。

3）消防水泵房应有不少于2条的出水管直接与环状消防给水管网连接；当其中1条出水管关闭时，其余出水管应仍能通过全部用水量。

4）泵房的应急照明、通信设施、消防排水、消防水泵控制柜的设置应符合规范要求。

4. 消防水泵

1）检查消防水泵主、备电源切换装置。

2）按《消防联动控制系统》（GB 16806—2006）的规定测试消防水泵控制柜的控制显示功能、防护等级。

3）消防泵组及其消防管道上使用的控制阀应有明显启闭标志，并能锁定阀处于全开状态。

4）消防泵的出水管上应设置 *DN*65 的试验放水阀，并能满足泵的性能检测要求。

5）消防泵进、出水管及其控制阀、止回阀、泄压阀、压力表、水锤消除器、可挠曲接头等的设置应满足功能要求，其规格、型号、数量符合设计要求。

6）消防水泵应采用自灌式引水，其自灌式引水方式应在整个火灾延续时间内都符合要求。

7）关闭消防水泵出水管上的控制阀，打开试验放水阀进行下列试验，均应正常工作，并符合规范的要求。

① 采用主电源启动消防水泵。

② 关闭主电源，主、备电源应能正常切换。

③ 主泵和备用泵应能相互正常切换。

④ 消防水泵就地和消防中心启、停控制功能应正常。

⑤ 消防水泵控制柜置于自动启动方式，系统处于准工作状态时进行联动试验应正常，联动试验包括室内消火栓系统和自动喷水灭火系统的联动。

5. 稳压泵

1）检查稳压泵的型号、规格，其进、出水管道和附件的设置应满足使用功能要求。

2）稳压泵供电符合规范要求，主、备电源应能正常切换。

3）稳压泵控制符合规范要求，并有防止其频繁启动的技术措施。

6. 报警阀

1）报警阀及其组件应符合产品标准要求，报警阀组的安装应符合规范要求。

2）水力警铃的设置位置正确并固定在墙面上。

3）打开报警试验管路阀门时，在阀瓣不开启的条件下，压力开关、水力警铃应能正常动作，且距水力警铃3m远处其连续声强符合规定。

4）系统的供气定压装置应能正常工作。

5）当系统由火灾自动报警系统联动控制时，其联动控制功能应符合系统要求。

6）报警阀进、出口控制阀应为信号阀，或有明显启闭标志，并能锁定阀处于全开状态。

7. 系统管网和附件、组件的检查

（1）水压试验的控制要求

1）水压试验应采用洁净水作为介质。

2）系统注水时，应打开管道各高处的排气阀，将空气排尽，待水灌满后关闭排气阀和进水阀。

3）水压试验压力按设计规定执行，自动喷水灭火系统，消防管道试验压力为工作压力的1.5倍，并不应低于1.4MPa。

4）自动喷水灭火系统管道水压强度试验的测试点在管网系统最低点，注水时，应将管网内空气排尽，并缓慢升压。达到试验压力后，稳压30min，目测管网应无泄漏、无变形，且压力降低不应大于0.05MPa。

5）自动喷水灭火系统管道水压严密性试验应在水压强度试验和管网冲洗合格后进行。试验压力应为工作压力，稳压24h应无泄漏。

（2）其他附件要求

1）消防给水系统形式和管网构成符合规范要求，环状管网阀门布置满足规范要求，环状管网应能实现双向流动。

2）管道材质、管径、连接方式、防腐和防冻措施、标识、支吊架设置符合设计、规范的要求，配水主立管与水平配水管的连接没有使用机械三通（或四通），其他机械三通（或四通）的使用符合规范要求。

3）管网上的控制阀应为具有明显启闭标志的阀门。

4）管网上的减压阀、止回阀、控制阀、排水与排气设施、电磁阀、节流孔板、泄压阀、水锤消除装置、压力监测元件、水流报警装置等的规格、型号、设置部位和安装方式符合规范要求。

5）管网上的末端试水装置和试水阀的设置部位正确，部件齐全，方便使用。

6）配水管网上喷头数量及其连接管管径符合规范要求。

8. 喷头

1）喷头的设置场所、喷头规格、型号、公称动作温度、响应时间系数（RTI）符合规范要求。

2）喷头安装间距和最大保护面积符合规范要求。

3）喷头溅水盘与顶板、吊顶、墙、梁、保护对象顶部等的距离符合规范要求，遇障碍物时，喷头的避让和增补符合规范要求。

4）在有腐蚀性气体环境、有碰撞危险环境安装的喷头，针对环境危害应采取相应的保护措施。

5）各种不同规格型号的喷头均按规定量留有备用。

（三）系统验收判定

系统工程质量检测验收判定应符合下列规定。

1）系统工程质量缺陷应按《自动喷水灭火系统施工及验收规范》（GB 50261—2017）的要求划分为严重缺陷项（A）、重缺陷项（B）和轻缺陷项（C）。

2）系统验收合格判定的条件为：A＝0，B≤2，且B＋C≤6；否则为不合格。

评价反馈

对自动喷水灭火系统调试检测的评价反馈见表3-7（分小组布置任务）。

表3-7　对自动喷水灭火系统调试检测的评价反馈

序号	检测项目	评价任务及权重	自评	小组互评	教师评价
1	自动喷水灭火系统调试操作的正确性	自动喷水灭火系统系统调试是否正确，1项不正确扣5分（共40分）			
2	自动喷水灭火系统检测要求阐述的正确性	自动喷水灭火系统检测要求是否正确，1项不正确扣5分（共20分）			
3	自动喷水灭火系统检测判定的正确性	自动喷水灭火系统检测判定是否正确，1项不正确扣5分（共20分）			
4	完成时间	规定时间内没完成者，每超过2min扣2分（共10分）			
5	工作纪律和态度	团队协作能力差，不爱护设备和环境，纪律差者，酌情扣5～10分（共10分）			
任务总评	优(90～100)□　良(80～90)□　中(70～80)□　合格(60～70)□　不合格(小于60)□				

项目四 气体与泡沫灭火系统安装与调试检测

项目概述

本项目的主要内容是认识气体及泡沫灭火系统的外形及组件，检查气体及泡沫灭火系统安装的完整性，完成气体及泡沫灭火系统的调试与检测。

教学目标

1. 知识目标

认识气体与泡沫灭火系统的组成及分类，掌握气体与泡沫灭火系统附件的安装调试方法。

2. 技能目标

能够正确选用气体与泡沫灭火系统的组件，并进行安装；能够对气体与泡沫灭火系统进行简单调试和检测。

职业素养提升要点

气体与泡沫灭火系统涉及特殊建筑，例如厂房、变配电间、不间断电源装置间、地铁等。此类建筑在人们的日常生产生活中发挥着独特的作用，为人们提供便利。实际工程中应保证该类建筑气体与泡沫灭火系统的完好有效。

任务一 气体灭火系统的组件及安装

任务描述

本任务的主要内容是认识实训室中气体灭火系统组件的外形，熟悉各组件的作用，并学会安装气体灭火系统组件。

任务实施

一、气体灭火系统的组件

如图 4-1 所示为管网式气体灭火系统。

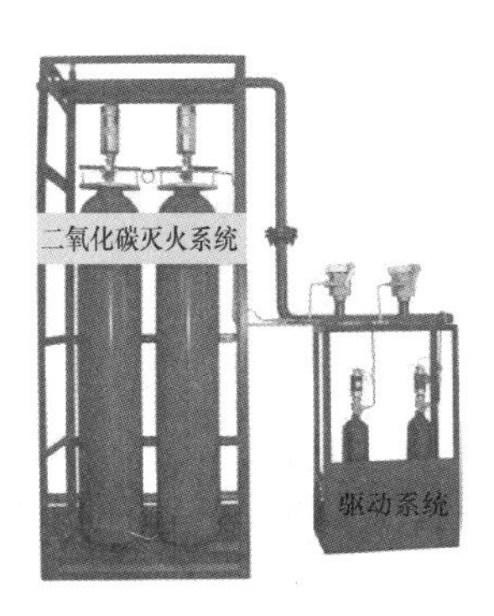

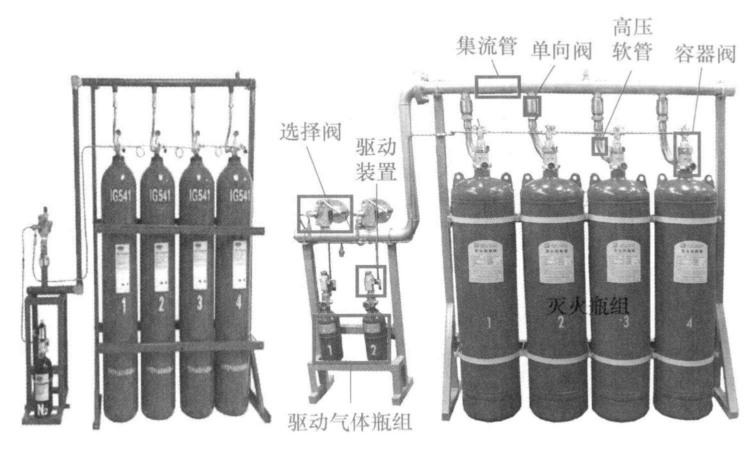

图 4-1　管网式气体灭火系统

1. 七氟丙烷系统

七氟丙烷气体灭火系统包括：灭火瓶组、高压软管、灭火剂单向阀、驱动气体瓶组、安全泄压阀、选择阀、压力信号器、喷头、高压管道、高压管件等。

（1）灭火瓶组　每套灭火瓶组包含灭火剂储存瓶、瓶头控制阀、安全阀、手动阀、压力表、七氟丙烷灭火剂，可根据实际需要选用不同容积的储存瓶。

（2）高压软管　高压软管是连接灭火瓶组和灭火剂单向阀的装置，如图 4-2 所示。

（3）灭火剂单向阀　灭火剂单向阀是安装在高压软管与集流管之间的装置，防止气体倒流，如图 4-3 所示。

（4）启动瓶组　驱动气体瓶组（又称启动瓶组，图 4-4）里充装氮气，当发生火灾时，启动瓶组接到指令，启动气体打开选择阀、瓶头控制阀，释放灭火剂。启动瓶组包含储气瓶、瓶头控制阀、电磁启动器、气体单向阀、安全阀、手动阀、压力表、启动气体。

（5）安全泄压阀　安全泄压阀用于防止系统超压，如图 4-5 所示。

（6）选择阀　当有管网七氟丙烷灭火系统保护多个分区时，选择阀（图 4-6）可用来控制灭火剂进入相应的保护区。选择阀应根据计算管径的大小来选择。

（7）压力信号器　压力信号器（图 4-7）用于反馈灭火剂喷放信号。

（8）喷头　喷头（图 4-8）用于喷放灭火剂。

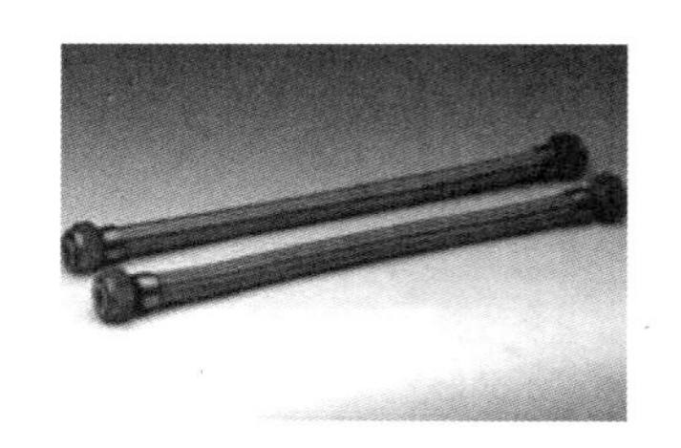

图 4-2　高压软管

图 4-3　灭火剂单向阀

图 4-4　驱动气体瓶组

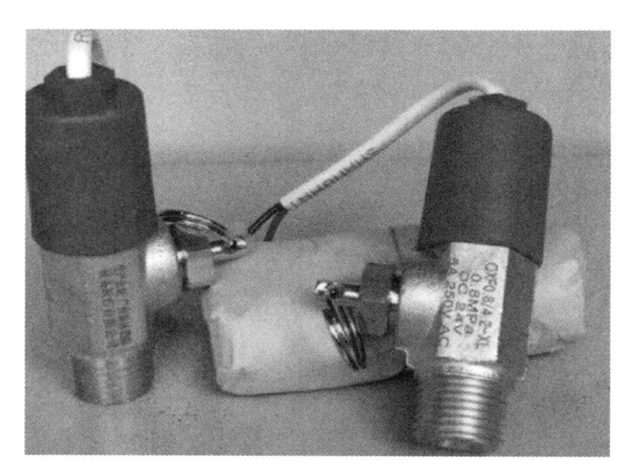

图 4-5　安全泄压阀

图 4-6　选择阀

图 4-7　压力信号器

图 4-8　喷头

2. IG541 混合气体自动灭火系统

IG541 混合气体自动灭火系统，采用 IG541 混合气体灭火剂，它是由大气层中的氮气（N_2）、氩气（Ar）和二氧化碳（CO_2）三种气体以 52%∶40%∶8% 的比例混合而成。IG541 混合气体自动灭火系统主要由火灾探测控制单元、灭火系统单元等组成。其中，火灾探测控制单元包括火灾（感温、感烟）探测器、报警控制器、气体灭火控制盘、声光警报器、喷射指示灯、紧急启动/停止按钮等；灭火系统单元包括混合气体灭火瓶组、整体安装钢瓶架、单向阀、集流管、安全泄压装置、驱动装置、启动瓶组、连接管、选择阀、管网及喷嘴等，如图 4-9 所示。

3. CO_2 气体灭火系统

CO_2 气体灭火系统主要由灭火剂储瓶（含容器阀、液体单向阀、高压软管、压力表、瓶组架等）、启动瓶组（含电磁阀、低泄高密阀、瓶组架等）、单向阀、选择阀、安全阀、压力信号器、集流管、称重装置、启动管道、喷嘴、灭火剂管道及管件等组成，如图 4-10 所示。

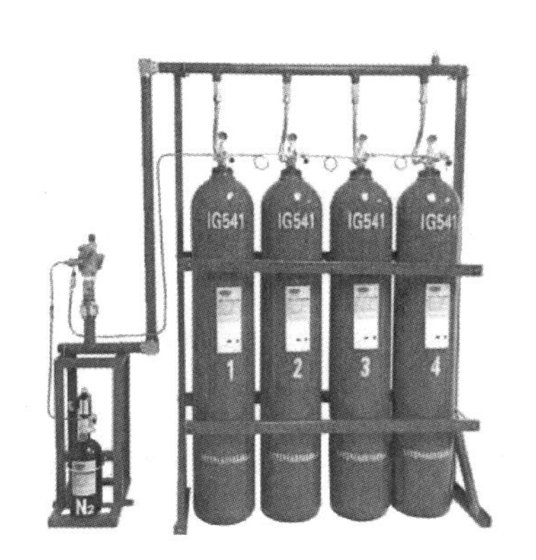

图 4-9　IG541 混合气体自动灭火系统

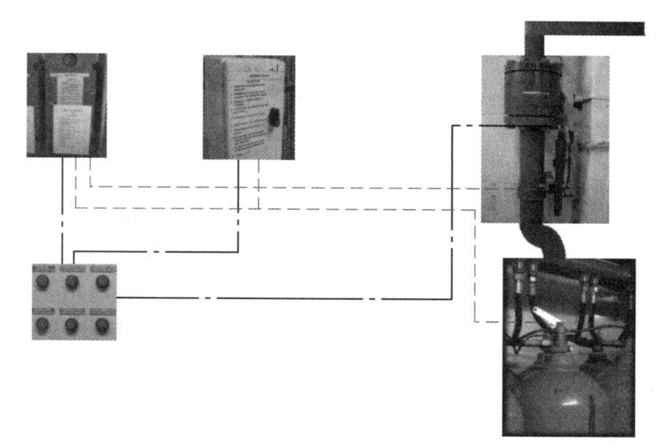

图 4-10　CO_2 气体灭火系统

二、气体灭火系统的安装

（一）灭火剂储存装置的安装

1）储存装置的安装位置要符合设计文件的要求。

2）灭火剂储存装置安装后，泄压装置的泄压方向不应朝向操作面。低压 CO_2 灭火系统的安全阀要通过专用的泄压管接到室外。

3）储存装置上压力计、液位计、称重显示装置的安装位置应便于人员的观察和操作。

4）储存容器的支架、框架应固定牢靠，并做防腐处理。

5）储存容器宜涂红色油漆，正面标明设计规定的灭火剂名称和储存容器的编号。

6）安装集流管前应检查内腔，确保清洁。

7）集流管上泄压装置的泄压方向不应朝向操作面。

8）连接储存容器与集流管间的单向阀的流向指示箭头，应指向介质流动方向。

9）集流管应固定在支架、框架上，支架、框架应固定牢靠，并做防腐处理。

（二）选择阀及信号反馈装置的安装

1）选择阀及信号反馈装置的安装在操作面一侧，当安装高度超过 1.7m 时应采取便于操作的措施。

2）采用螺纹连接的选择阀，其与管网连接处宜采用活接。

3）选择阀的流向指示箭头应指向介质流动方向。

4）选择阀上要设置标明防护区、保护对象名称或编号的永久性标志，并应便于观察。

5）信号反馈装置的安装应符合设计要求。

（三）阀驱动装置的安装

拉索式机械驱动装置的安装要求如下。

1）拉索除必要外露部分外，采用经内外防腐处理的钢管防护。

2）拉索转弯处采用专用导向滑轮。

3）拉索末端的拉手设在专用的保护盒内。

4）拉索套管和保护盒应固定牢靠。

（四）灭火剂输送管道的安装

（1）灭火剂输送管道连接要求

1）采用螺纹连接时，管材宜采用机械切割；螺纹不得存在缺纹、断纹等现象；螺纹连接的密封材料均匀附着在管道的螺纹部分，拧紧螺纹时，不得将填料挤入管道内；安装后的螺纹根部应有2~3条外露螺纹；连接后，将连接处的外部清理干净并做防腐处理。

2）采用法兰连接时，衬垫不得凸入管内，其外边缘宜接近螺栓，不得放置双垫或偏垫。连接法兰的螺栓，直径和长度应符合标准。拧紧后，凸出螺母的长度不大于螺杆直径的1/2且应有不少于2条外露螺纹。

3）已做防腐处理的无缝钢管不宜采用焊接连接；与选择阀等个别连接部位需采用法兰焊接连接时，要对被焊接损坏的防腐层进行二次防腐处理。

（2）管道穿越墙壁、楼板处的做法　管道穿越墙壁、楼板处要安装套管，套管公称直径比管道公称直径至少大2级。穿越墙壁的套管长度应与墙厚相等，穿越楼板的套管长度应高出地板50mm。管道与套管间的空隙采用防火封堵材料填塞密实。当管道穿越建筑物的变形缝时，要设置柔性管段。

（3）管道支、吊架的安装规定

1）管道应固定牢靠，管道支、吊架间的最大间距应符合表4-1的规定。

表4-1　气体灭火系统管道支、吊架之间的最大间距

管道公称直径/mm	15	20	25	32	40	50	65	80	100	150
最大间距/m	1.5	1.8	2.1	2.4	2.7	3.0	3.4	3.7	4.3	5.2

2）管道末端采用防晃支架固定，支架与末端喷嘴间的距离不大于500mm。

3）公称直径≥50mm的主干管道，垂直方向和水平方向至少各安装1个防晃支架。当管道穿过建筑物楼层时，每层设1个防晃支架。当水平管道改变方向时，增设防晃支架。

4）灭火剂输送管道安装完毕后，要进行强度试验和气压严密性试验。试验时，应缓慢增大压力；当压力升至试验压力的50%时，若未发现异状或泄漏，则继续按试验压力的10%逐级升压。每级稳压3min，直至试验压力值。保持压力，检查管道各处，以无变形、无泄漏为合格。强度试验要求见表4-2。

表 4-2　强度试验要求

试验内容	试验要求		
	CO_2 气体灭火系统	IG541 混合气体自动灭火系统	七氟丙烷灭火系统
水压强度试验压力	高压：15MPa； 低压：4MPa	14MPa	1.5 倍最大工作压力
水压强度试验	进行水压强度试验时，以不大于 0.5MPa/s 的升压速率缓慢升压至试验压力、保压 5min，检查管道各处无渗漏、无变形为合格		
气压强度试验压力（当水压强度试验条件不具备时，可采用气压强度试验代替）	80% 水压强度试验压力	10.5MPa	1.15 倍最大工作压力
气压强度试验	宜以 0.2MPa 进行预试验。试验时应缓慢增大压力；当压力升至试验压力的 50% 时，如未发现异状或泄温，继续按试验压力的 10% 逐级升压。每级稳压 3min，直至试验压力值。保持压力，检查管道各处无变形，无泄漏为合格		

（五）喷嘴的安装

1）安装喷嘴时要按设计要求逐个核对其型号、规格及喷孔方向。

2）安装在吊顶下的不带装饰罩的喷嘴，其连接管管端螺纹不能露出吊顶；安装在吊顶下的带装饰罩的喷嘴，其装饰罩要紧贴吊顶。

（六）预制灭火系统的安装

1）预制灭火系统及其控制器、声光警报器的安装位置应符合设计要求，并固定牢靠。

2）预制灭火系统装置周围空间环境应符合设计要求。

（七）控制组件的安装

1）灭火控制装置的安装应符合设计要求，防护区内火灾探测器的安装应符合《火灾自动报警系统施工及验收标准》（GB 50166—2019）的规定。

2）设置在防护区处的手动、自动转换开关应安装在防护区入口且便于操作的部位，安装高度为中心点距地（楼）面 1.5m。

3）手动启动、停止按钮安装在防护区入口且便于操作的部位，安装高度为中心点距地（楼）面 1.5m；防护区声光报警装置的安装应符合设计要求，并安装牢固，不倾斜。

4）气体喷放指示灯宜安装在防护区入口的正上方。

评价反馈

对气体灭火系统组件及安装的评价反馈见表 4-3（分小组布置任务）。

表 4-3　对气体灭火系统组件及安装的评价反馈

序号	检测项目	评价任务及权重	自评	小组互评	教师评价
1	气体灭火系统外形及组件认识的正确性	气体灭火系统外形认识是否正确，1 项不正确扣 5 分（共 20 分）			
2	气体灭火系统安装检查的完整性	气体灭火系统安装检查是否完整，缺 1 项扣 5 分（共 30 分）			

（续）

序号	检测项目	评价任务及权重	自评	小组互评	教师评价
3	气体灭火系统安装检查的正确性	气体灭火系统安装检查是否正确，1项不正确扣5分（共30分）			
4	完成时间	规定时间内没完成者，每超过2min扣2分（共10分）			
5	工作纪律和态度	团队协作能力差，不爱护设备和环境，纪律差者，酌情扣5~10分（共10分）			
任务总评	优(90~100)□　良(80~90)□　中(70~80)□　合格(60~70)□　不合格(小于60)□				

任务二　气体灭火系统调试检测

任务描述

气体灭火系统调试

本任务的主要内容是模拟启动气体灭火系统，阐述其启动步骤，对气体灭火系统子项进行模拟检测，填写气体灭火系统各子项检测要求，完成气体灭火系统检测表。

任务实施

一、气体灭火系统检测

气体灭火系统检测表见表4-4。

表4-4　气体灭火系统检测表

检测项目			检测要求	现场情况（符合/具体问题）
储瓶间设备	灭火剂储存容器	外观质量	无变形、缺陷；手动操作装置有铅封	
		规格	同一系统规格要一致，高度差不大于10mm	
		储存容器上的压力表	符合图样设计要求	
		设备编号	标明设计规定的灭火剂名称和编号	
		储存容器记录	储存容器必须固定在支框架上，支框架与建筑构件固定，要牢固可靠，并作防腐处理。操作面距墙或操作面之间的距离不应小于1.0m，且不小于储存容器外径的1.5倍	
		充装压力	不小于相应温度下的储存压力，大于该储存压力不超过5%	

（续）

检测项目			检测要求	现场情况（符合/具体问题）
储瓶间设备	储瓶间温度		0～49℃	
	储瓶间相对湿度		不大于 85RH	
	储瓶间灯光照明度		不小于 150lx	
	集流管	外观质量	焊接，内外镀锌；外表涂红漆	
		泄压装置	泄压口方向不得朝向操作面	
	高压软管和单向阀	外观质量	无缺损、碰撞损伤；标志齐全	
		安装方向	与灭火剂流动方向一致	
	选择阀	外观质量	无碰撞变形及机械性损伤，有永久标志牌	
		防护区标志	阀上应有明显的防护区名称或编号	
	气体驱动装置	外观质量	无碰撞变形及机械性损伤，手启有完整铅封	
		名称与编号	标明驱动介质名称和对应防护区的名称、编号	
防护区	防护区门窗		门窗材质符合要求	
	防护区开口设置		设置自动关闭装置	
	泄压口设置		设在外墙上，距防护区地面净高 2/3 以上（IG541 混合气体自动灭火无要求）	
	安全要求		有人防护区内应有紧急切断自控手动装置；区内设声报，入口处设光报和防护标志；疏散通道与出口处设事故照明和疏散指示标志	
	自动控制启动条件		接到 2 个独立火灾信号才能启动	
系统功能试验	启动方式		管网式：自动、手动和机械应急操作 3 种 无管网式：自动和手动 2 种	
	感烟火灾探测器		功能正确	
	感温火灾探测器		功能正确	
	模拟自动喷气试验		功能正确	
	模拟手动喷气试验		功能正确	
	紧急启动试验		功能正确	
	紧急阻断功能		具备	
	延时启动量		0～30s	
	喷洒指示，声、光警报		具备	

二、气体灭火系统调试

（一）系统调试规定

1）气体灭火系统的调试应在系统安装完毕，并且在相关的火警报警系统和开口自动关闭装置、通风机械和防火阀等联动设备的调试完成后进行。调试完成后将系统各部件及联动设备恢复正常工作状态。

2）调试前应检查系统组件和材料的型号、规格、数量及系统安装质量，并应及时处理所发现的问题。

3）调试项目应包括模拟启动试验、模拟喷气试验和模拟切换操作试验，并按照规范表格调试施工过程检查记录。

4）气体灭火系统调试前应具备完整的技术资料。调试负责人应由专业技术人员担任，所有参加调试的人员职责明确，并应按照调试程序工作，调试后提出调试记录。调试过程及组件如图 4-11 所示。

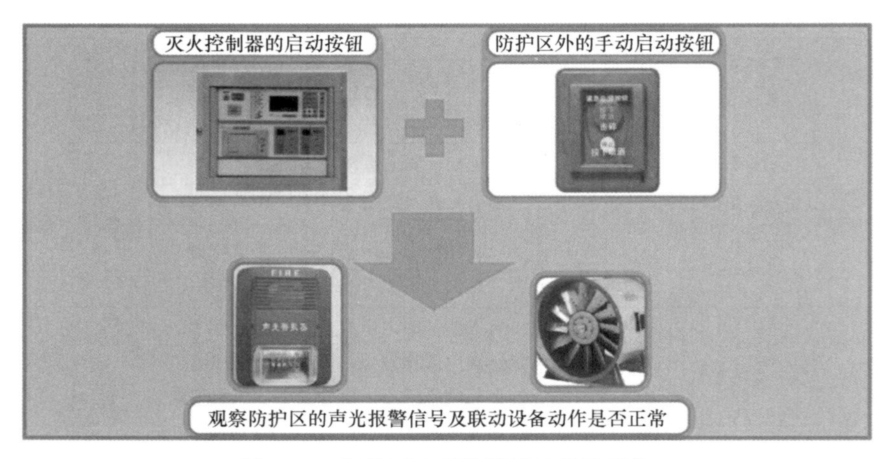

图 4-11　气体灭火系统调试过程及组件

（二）系统调试要求

1. 手动模拟启动试验

（1）调试要求　调试时，对所有防护区或保护对象按规范规定进行手动、自动模拟启动试验，并合格。

（2）试验方法　手动模拟启动试验按下述方法进行：按下手动启动按钮，观察相关动作信号及联动设备动作是否正常（如发出声、光报警）。启动输出端的负载响应，关闭通风空调、防火阀等手动启动压力信号反馈装置，观察相关防护区门外的气体喷放指示灯是否正常。

2. 自动模拟启动试验

1）将灭火控制器的启动输出端与灭火系统相应防护区驱动装置连接。驱动装置与阀门的动作机构脱离。也可用 1 个启动电压、电流与驱动装置的启动电压、电流相同的负载代替。

2）人工模拟火警，使防护区内任意 1 个火灾探测器动作，观察单火警信号输出后，相关报警设备动作是否正常（如警铃、蜂鸣器发出报警声等）。

3）人工模拟火警，使该防护区内另一个火灾探测器动作，观察复合火警信号输出后，相关动作信号及联动设备动作是否正常（如发出声、光报警，启动输出端的负载响应，关闭通风空调、防火阀等）。

3. 模拟启动试验结果要求

1）延迟时间与设定时间相符，响应时间满足要求。

2）有关声、光报警信号正确。

3）联动设备动作正确。

4）驱动装置动作可靠。

4. 模拟喷气试验

（1）调试要求　调试时，对所有防护区或保护对象进行模拟喷气试验，并合格。预制灭火系统的模拟喷气试验宜各取 1 套进行试验，试验按产品标准中有关联动试验的规定进行。

（2）模拟喷气试验方法

1）模拟喷气试验的条件。试验宜采用自动启动方式，试验要求见表 4-5。

表 4-5　模拟喷气试验要求

模拟气体	试验范围	试验量
IG541 混合气体自动灭火系统及高压 CO_2 灭火系统	选定试验的防护区	保护对象设计用量所需容器总数的 5%，且不少于 1 个
低压 CO_2 灭火系统	选定输送管道最长的防护区或保护对象进行	喷放量不小于设计用量的 10%
卤代烷灭火系统（采用 N_2 进行）	选定试验的防护区	采用的氮气或压缩空气储存容器数不少于灭火剂储存容器数的 20%，且不少于 1 个

2）模拟喷气试验结果要符合下列规定。

① 延迟时间与设定时间相符，响应时间满足要求。

② 有关声、光报警信号正确。

③ 有关控制阀门工作正常。

④ 信号反馈装置动作后，气体防护区门外的气体喷放指示灯工作正常。

⑤ 储存容器间内的设备和对应防护区或保护对象的灭火剂输送管道无明显晃动和机械性损坏。

⑥ 试验气体能喷入被试防护区内或保护对象上，且能从每个喷嘴喷出。

5. 模拟切换操作试验

（1）调试要求　设有灭火剂备用量且储存容器连接在同一集流管上的系统应进行模拟切换操作试验，并合格。

（2）模拟切换操作试验方法

1）按使用说明书的操作方法，将系统使用状态从主用量灭火剂储存容器切换为备用量灭火剂储存容器。

2）按前文描述方法进行模拟喷气试验。

3）试验结果符合上述模拟喷气试验结果的规定。

评价反馈

对气体灭火系统调试及检测的评价反馈见表4-6（分小组布置任务）。

表4-6　对气体灭火系统调试及检测的评价反馈

序号	检测项目	评价任务及权重	自评	小组互评	教师评价
1	气体灭火系统检测表的完整性	气体灭火系统检测表是否完整，缺1项扣5分（共40分）			
2	气体灭火系统调试的正确性	气体灭火系统调试是否正确，1项不正确扣5分（共40分）			
3	完成时间	规定时间内没完成者，每超过2min扣2分（共10分）			
4	工作纪律和态度	团队协作能力差，不爱护设备和环境，纪律差者，酌情扣5～10分（共10分）			
任务总评	优(90～100)□　良(80～90)□　中(70～80)□　合格(60～70)□　不合格(小于60)□				

任务三　泡沫灭火系统的组件及安装

任务描述

本任务的主要内容是认识实训室或真实场地中泡沫灭火系统的组件外形，熟悉各组件的作用，学会安装泡沫灭火系统组件。

任务实施

一、泡沫灭火系统组件

如图4-12所示为泡沫灭火系统。

（一）泡沫比例混合器

泡沫比例混合器是通过机械作用，使水在流动过程中与泡沫液按一定的比例混合，形成混合液的装置。常用的泡沫比例混合器有以下几种。

图4-12　泡沫灭火系统

1. 环泵式负压泡沫比例混合器

环泵式负压泡沫比例混合器如图4-13所示。它安装在泵的旁路上，进口接泵的出口、出口接泵的进口。水泵工作时，大股液流流向系统终端，小股液流通过旁路回流到泵的进口。当回流的小股液流经过比例混合器时，压力水从其进口进入比例混合器，经喷嘴高速喷入扩散管，在喷嘴与扩散管间的真空室形成负压区。泡沫液被吸入负压区，与压力水混合后一起进入扩散管，从出口流出，再流到泵进口与水进一步混合后抽到泵的出口。如此循环一定时间后，泡沫混合液的混合比达到产生灭火泡沫要求的正常值。旋动混合器的手轮可以调节混合液的混合比。

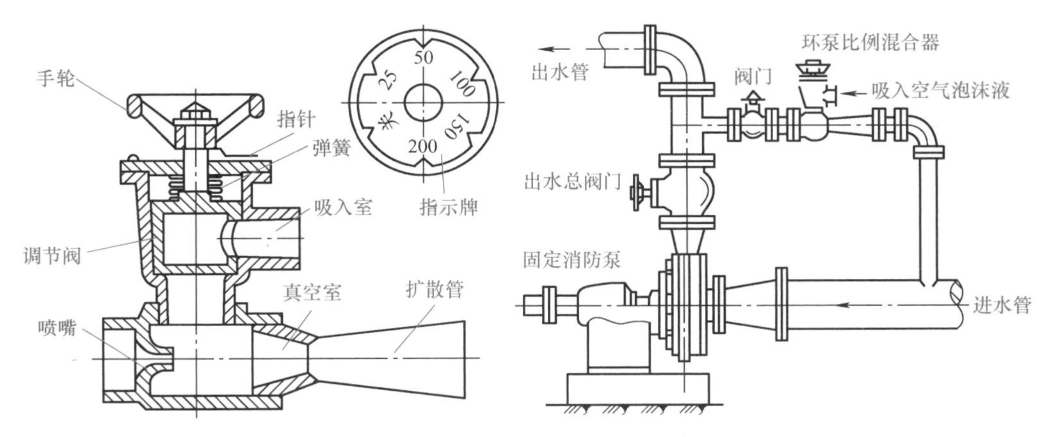

图4-13　环泵式负压泡沫比例混合器

2. 压力式泡沫比例混合器

压力式泡沫比例混合器有普通型和隔膜型两种。混合器直接安装在耐压的泡沫液储罐上，其进口、出口串接在具有一定水压的供水管线上。其工作原理是：当有压力的水流通过压力式泡沫比例混合器时，在压差孔板的作用下，孔板前后产生压力差。孔板前压力较高的水经由缓冲管进入泡沫液储罐上部，迫使泡沫液从储罐下部经出液管压出。此外，孔板出口处形成一定的负压，对泡沫液还具有抽吸作用，在压迫与抽吸的共同作用下，使泡沫液与水按规定的比例混合，其混合比可通过孔板直径的大小确定。

3. 平衡压力式泡沫比例混合器

平衡压力式泡沫比例混合器如图4-14所示，它采用完全自动配比的混合方式。水与泡沫液通过各自的泵加压，并从相应的入口打入平衡压力式泡沫比例混合器。经过泡沫比例混合器的自动调节，水与泡沫液混合形成符合比例要求的混合液。平衡压力式泡沫比例混合器的混合精度高，适应的流量范围广，泡沫液储罐为常压储罐，适用于自动集中控制的多个保护区的泡沫灭火系统，特别是对保护对象之间流量相差较大的储罐区。平衡压力流量控制阀与泡沫比例混合器有分体式和一体式两种。

4. 管线式泡沫比例混合器

管线式泡沫比例混合器如图4-15所示，它是利用文丘里管的原理在混合腔内形成负压，在大气压力作用下将容器内的泡沫液吸到腔内与水混合。不同的是管线式泡沫比例混合器直接安装在主管线上，泡沫液与水直接混合形成混合液，系统压力损失较大。

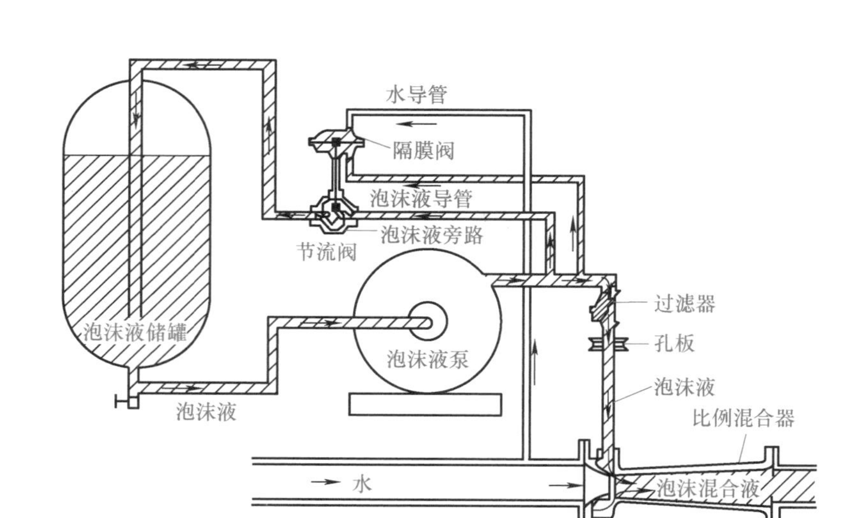

图 4-14　平衡压力式泡沫比例混合器

（二）泡沫消防水泵与泡沫液泵

泡沫消防泵（图 4-16）是指能把水或泡沫液以一定的压力输出的消防泵。泡沫消防泵宜选用特性曲线平缓的离心泵，以保证流量的可变性和扬程的不变性。泡沫消防泵宜为自灌式引水，且蓄水池的水面不得高于水泵轴线 5m，否则环泵式负压比例混合器不能正常工作。

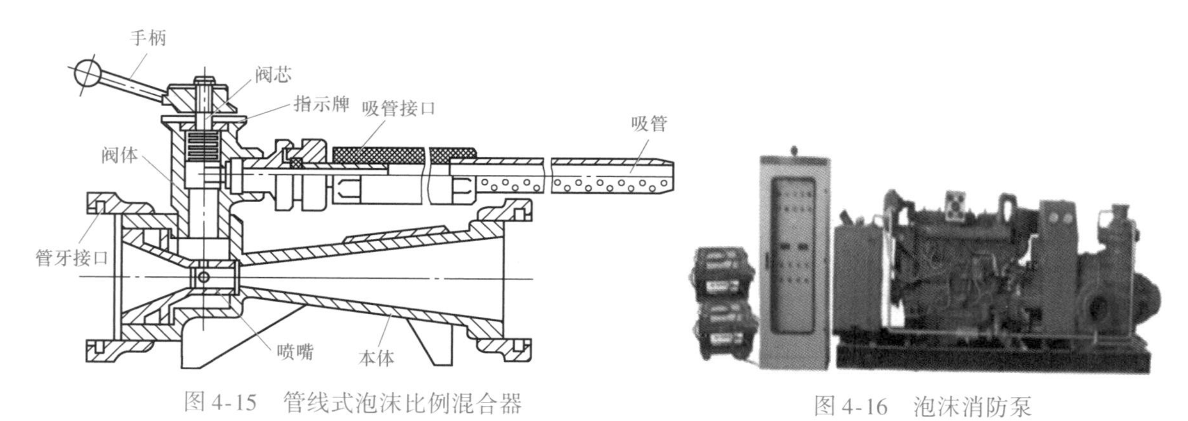

图 4-15　管线式泡沫比例混合器

图 4-16　泡沫消防泵

1）泡沫消防水泵的选择与设置应符合下列规定：

泡沫消防水泵的工作压力和流量应满足系统设计要求。泵出口管道上应设置压力表、单向阀，泵出口总管道上应设置持压泄压阀及带手动控制阀的回流管。当泡沫液泵采用不向外泄水的水轮机驱动时，其水轮机压力损失应计入泡沫消防水泵的扬程；当泡沫液泵采用向外泄水的水轮机驱动时，其水轮机消耗的水流量应计入泡沫消防水泵的额定流量。

2）泡沫液泵的选择与设置应符合下列规定：泡沫液泵的工作压力和流量应满足系统设计要求，同时应保证在设计流量范围内泡沫液供给压力大于供水压力。泡沫液泵的结构形式、密封或填料类型应适宜输送所选的泡沫液，其材料应耐泡沫液腐蚀且不影响泡沫液的性能。当用于普通泡沫液时，泡沫液泵的允许吸上真空高度不得小于 4m；当用于抗溶泡沫液时，泡沫液泵的允许吸上真空高度不得小于6m，且泡沫液储罐至泡沫液泵之间的管道长度不宜超过5m。泡沫液泵出口管道长度不宜超过10m。泡沫液泵及管道平时不得充入泡沫液。

除四级及四级以下独立石油库与油品站场、防护面积小于200m^2 单个非重要防护区设置的泡沫系统外，应设置备用泵，且工作泵故障时应能自动与手动切换到备用泵；泡沫液泵应能耐受不低于10min的空载运转。

（三）泡沫液储罐

盛装泡沫液的储罐应采用耐腐蚀材料制作，且与泡沫液直接接触的内壁或衬里不应对泡沫液的性能产生不利影响。

常压泡沫液储罐应符合下列规定：储罐内应留有泡沫液热膨胀空间和泡沫液沉降损失部分所占空间；储罐出液口的设置应保障泡沫液泵进口为正压，且出液口不应高于泡沫液储罐最低液面0.5m；储罐泡沫液管道吸液口应朝下，并应设置在沉降层之上，且当采用蛋白类泡沫液时，吸液口距泡沫液储罐底面不应小于0.15m；储罐宜设计成锥形或拱形顶，且上部应设呼吸阀或用弯管通向大气；储罐上应设出液口、液位计、进料孔、排渣孔、人孔、取样口。囊式压力比例混合装置的储罐上应标明泡沫液剩余量。

（四）泡沫产生装置

1）低倍数泡沫产生器应符合下列规定：固定顶储罐、内浮顶储罐应选用立式泡沫产生器；外浮顶储罐宜选用与泡沫导流罩匹配的立式泡沫产生器，并不得设置密封玻璃，当采用横式泡沫产生器时，其吸气口应为圆形；泡沫产生器应根据其应用环境的腐蚀特性，采用碳钢或不锈钢材料制成；立式泡沫产生器及其附件的公称压力不得低于1.6MPa，与管道的连接应采用法兰连接；泡沫产生器进口的工作压力应为其额定值±0.1MPa；泡沫产生器的空气吸入口及露天的泡沫喷射口，应设置防止异物进入的金属网。

2）高背压泡沫产生器应符合下列规定：进口工作压力应在标定的工作压力范围内；出口工作压力应大于泡沫管道的阻力和罐内液体静压力；发泡倍数不应小于2，且不应大于4。

3）保护液化天然气集液池的局部应用系统和不设导泡筒的全淹没系统，应选用水力驱动型泡沫产生器，且其发泡网应为奥氏体不锈钢材料。

4）泡沫喷头、水雾喷头的工作压力应在标定的工作压力范围内，且不应小于其额定压力的80%。

（五）控制阀门和管道

系统中所用的控制阀门应有明显的启闭标志。当泡沫消防水泵出口管道口径大于30mm时，不宜采用手动阀门。低倍数泡沫灭火系统的水与泡沫混合液及泡沫管道应采用钢管，且管道外壁应进行防腐处理。中倍数、高倍数泡沫灭火系统的干式管道宜采用镀锌钢管；湿式管道宜采用不锈钢管或内部、外部进行防腐处理的钢管；中倍数、高倍数泡沫产生器与其管道过滤器的连接管道应采用奥氏体不锈钢管；泡沫液管道应采用奥氏体不锈钢管。在寒冷季节有冰冻的地区，泡沫灭火系统的湿式管道应采取防冻措施。泡沫-水喷淋系统的管道应采用热镀锌钢管，其报警阀组、水流指示器、压力开关、末端试水装置、末端放水装置的设置，应符合《自动喷水灭火系统设计规范》（GB 50084—2017）的相关规定。防火堤或防护区内的法兰垫片应采用不燃材料或难燃材料。对于设置在防爆区内的地上或管沟敷设的干式管道，应采取防静电接地措施，且法兰连接螺栓数量少于5个时应进行防静电跨接。钢制甲、乙、丙类液体储罐的防雷接地装置可兼作防静电接地装置。

二、泡沫灭火系统安装

（一）泡沫比例混合器（装置）的安装

1. 安装要求

1）安装时，要使泡沫比例混合器（装置）的标注方向与液流方向一致。各种泡沫比例混合器（装置）都有安装方向，在其上有标注，安装时不能装反，否则吸不进泡沫液或泵打不进去泡沫液，使系统不能灭火。

2）泡沫比例混合器（装置）与管道连接处的安装要保证严密，不能有渗漏，否则会影响混合比。

2. 检测方法

观察检查，主要是在调试时进行观察检查，因为只有管道充液调试时，才能观察到连接处是否有渗漏。

（二）泡沫产生装置的安装

1. 低倍数泡沫产生器的安装

液上喷射的泡沫产生器要根据产生器的类型安装，并符合设计要求。液上喷射泡沫产生器有横式和立式两种类型，如图4-17所示。

a) 横式泡沫产生器

b) 立式泡沫产生器

图4-17 液上喷射泡沫产生器

2. 中倍数泡沫产生器的安装

中倍数泡沫产生器（图4-18）的安装要符合设计要求，安装时不能损坏或随意拆卸附件。

3. 高倍数泡沫产生器的安装

1）高倍数泡沫产生器（图4-19）要安装在泡沫淹没深度之上，尽量靠近保护对象，但不能受到爆炸或火焰的影响；同时，安装要保证易于在防护区内形成均匀的泡沫覆盖层。

2）高倍数泡沫产生器是由动力驱动风叶转动鼓风，使大量的气流由进气端进入产生器，故在距进气端的一定范围内不能有影响气流进入的遮挡物。一般情况下，要保证距高倍数泡沫产生器的进气端小于或等于0.3m处没有遮挡物。

3）在高倍数泡沫产生器的发泡网前小于或等于1.0m处，不能有影响泡沫喷放的障碍物。

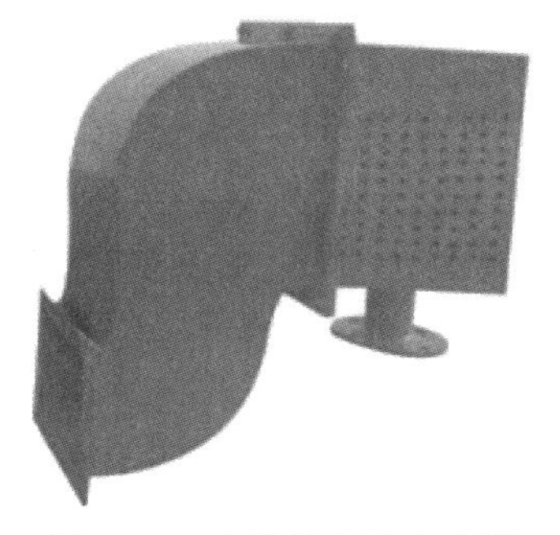

图4-18　中倍数泡沫产生器

图4-19　高倍数泡沫产生器

（三）管网及管道安装

1）水平管道安装时要注意留有管道坡度，在防火堤内要以3‰的坡度坡向防火堤，在防火堤外应以2‰的坡度坡向放空阀，以便于管道放空，防止积水，避免在冬季冻裂阀门及管道。另外，当出现U形管时要有放空措施。

2）立管要用管卡固定在支架上，管卡间距不能大于3m，以确保立管的牢固性，使其在受外力作用和自身泡沫混合液冲击时不至于损坏。

3）管道穿过防火堤、防火墙、楼板时，需要安装套管。穿防火堤和防火墙套管的长度不能小于防火堤和防火墙的厚度；穿楼板套管长度要高出楼板50mm，底部要与楼板底面相平；管道与套管间的空隙需要采用防火材料封堵；管道穿过建筑物的变形缝时，要采取保护措施。

评价反馈

对泡沫灭火系统组件及安装的评价反馈见表4-7（分小组布置任务）。

表4-7　对泡沫灭火系统组件及安装的评价反馈

序号	检测项目	评价任务及权重	自评	小组互评	教师评价
1	泡沫灭火系统外形及组件认识的正确性	泡沫灭火系统外形认识是否正确，1项不正确扣5分（共20分）			
2	泡沫灭火系统安装检查的完整性	泡沫灭火系统安装检查是否完整，缺1项扣5分（共30分）			

（续）

序号	检测项目	评价任务及权重	自评	小组互评	教师评价
3	泡沫灭火系统安装检查的正确性	泡沫灭火系统安装检查是否正确，1项不正确扣5分（共30分）			
4	完成时间	规定时间内没完成者，每超过2min扣2分（共10分）			
5	工作纪律和态度	团队协作能力差，不爱护设备和环境，纪律差者，酌情扣5~10分（共10分）			
任务总评	优(90~100)□　良(80~90)□　中(70~80)□　合格(60~70)□　不合格(小于60)□				

任务四　泡沫灭火系统调试检测

任务描述

本任务的主要内容是模拟调试并检测验收泡沫灭火系统，掌握泡沫灭火系统各子项检测要求，完成泡沫灭火系统检查表。

任务实施

一、泡沫灭火系统检查验收

凡列入中国强制性产品（3C）认证目录的消防产品，在泡沫灭火系统中使用时，均应查看其是否具有3C证书，检查铭牌、标志，查看规格、型号是否与证书一致。

（一）泡沫灭火系统验收准备资料

泡沫灭火系统验收时应提供下列文件资料。

1）有效的施工图设计文件。

2）设计变更通知书、竣工图。

3）系统组件和泡沫液自愿性认证或检验的有效证明文件和产品出厂合格证，材料的出厂检验报告与合格证。

4）系统组件的安装使用和维护说明书。

5）施工许可证和施工现场质量管理检查记录。

6）泡沫灭火系统施工过程检查记录及阀门的强度和严密性试验记录、管道试压和管道冲洗记录、隐蔽工程验收记录。

7）系统验收申请报告。

（二）泡沫灭火系统验收内容

泡沫灭火系统检查表见表4-8。

表 4-8　泡沫灭火系统检查表

检查项目	检查内容	存在问题
对于负压比例混合器的检查、维护	① 混合器使用后必须用清水冲洗干净，并检查各部件是否完整，连接处是否损坏，如有损坏应修复或更换 ② 吸液口和喷嘴处应保持畅通，如有杂物，应及时清理；过滤网每次使用后，应及时清洗干净 ③ 环泵式负压比例混合器不宜在水源为大于 0.05MPa 的正压条件下工作，因此水泵的吸水管道不应使用有压力的水源	
对于储罐式压力比例混合器的检查、维护	① 储罐内的泡沫液必须按时抽样检验，对失效的泡沫液应及时调换并记录调换日期（此项检验应每年进行一次） ② 装有柔性胶囊的储罐，应每个月作一次检漏试验，试验时可开启（通向储罐的）检测阀，如果放出水或者泡沫液，说明胶期已经损坏，应及时修补或更换胶囊（此项检查应每月进行一次），无柔性胶囊隔膜的储罐不必作检漏试验 ③ 应定期检查压力表示值是否准确，如有损坏应立即修复或调换 ④ 混合器使用后必须用清水进行全面的清洗，清除管道和储罐的污物和杂质，要特别注意混合器的孔板保持畅通，并检查各种阀门的密封性能，使设备处于完好的工作状态 ⑤ 应检查各部位的阀门是否开关灵活，应保证各阀门在徒手操作下灵活自如（此项检查应每周进行一次）	
管道的检查、维护	① 长距离刚性管道应有防止热胀冷缩的设施。半固定式的管道接口应用闷盖封住，以防杂物和小动物进入管道。管道应有一定的坡度，平时应放尽管内的残液或水 ② 管道每年应冲洗一次，以清除管内锈屑和杂物 ③ 管道外面防锈涂层应保持完好 ④ 如果半固定式泡沫分配盘上有数个供消防车使用的快速接口，则快速接口后应设阀门 ⑤ 固定式、半固定式管网上设置的接泡沫枪的快速接口后面，应设置阀门	
泡沫产生器	检查罐上泡沫产生器（此项检查应每季度进行一次） ① 检查泡沫产生器的滤网是否有污物和灰尘；若有，应及时清除，以保证空气通道畅通 ② 定期检查密封玻璃片，发现破碎应及时调换，以免储罐内易燃气体外漏 ③ 使用后必须用清水冲洗干净，并更换密封玻璃片	
系统检查、维护、保养管理制度	有系统管理制度，检查、维护内容规定明确，不缺项 系统管理制度中有明确的检查、维护周期，且该周期不低于国家及行业规定	

二、泡沫灭火系统自动和手动调试

1. 系统组件调试

（1）泡沫比例混合器（装置）的调试

1）调试要求。泡沫比例混合器（装置）的调试需要与系统喷泡沫试验同时进行，其混合比要符合设计要求。

2）调试方法。用流量计测量；蛋白、氟蛋白等折射指数高的泡沫液可用手持折射仪测量，水成膜、抗溶水成膜等折射指数低的泡沫液可用手持导电度测量仪测量。

（2）泡沫产生装置的调试

1）调试要求。低倍数（含高背压）泡沫产生器、中倍数泡沫产生器要进行喷水试验，其进口压力要符合设计要求；泡沫喷头要进行喷水试验，其防护区内任意四个相邻喷头组成的四边形保护面积内的平均供给强度不小于设计值；固定式泡沫炮要进行喷水试验，其进口压力、射程、射高、仰俯角度、水平回转角度等指标要符合设计要求；泡沫枪要进行喷水试验，其进口压力和射程要符合设计要求；高倍数泡沫产生器要进行喷水试验，其进口压力的平均值不能小于设计值，每台高倍数泡沫产生器发泡网的喷水状态要正常。

2）调试方法。用压力表检查。对储罐或不允许进行喷水试验的防护区，喷水口可设在靠近储罐或防护区的水平管道上。关闭非试验储罐或防护区的阀门，调节压力使之符合设计要求。选择最不利防护区的最不利点四个相邻喷头，用压力表测量后进行计算。用手动或电动实际操作，并用压力表、尺量和观察检查。关闭非试验防护区的阀门，用压力表测量后进行计算和观察检查。

（3）泡沫消火栓的调试

1）调试要求。泡沫消火栓要进行喷水试验，其出口压力要符合设计要求。

2）调试方法。用压力表测量。

2. 系统功能调试

（1）系统喷水试验　手动灭火系统，应选择最远的防护区或储罐，以手动控制的方式进行一次喷水试验；对自动灭火系统，应选择最大和最远两个防护区或储罐，以手动和自动控制的方式各进行一次喷水试验，其各项性能指标均应符合设计要求。

（2）低、中倍数泡沫灭火系统的喷射泡沫试验　低、中倍数泡沫灭火系统在喷水试验完毕，将水放空后，应选择最不利点的防护区或储罐，进行喷射泡沫试验。自动灭火系统，应以自动控制的方式进行；喷射泡沫的时间不应小于1min；实测泡沫混合液的混合比、发泡倍数、到达最不利点防护区或储罐的时间、湿式联用系统自喷水至喷泡沫的转换时间应符合设计要求。

（3）高倍数泡沫灭火系统的喷射泡沫试验　高倍数泡沫灭火系统在喷水试验完毕，将水放空后，应以手动或自动控制的方式对防护区进行喷射泡沫试验，喷射泡沫的时间不应小于30s，实测泡沫混合液的混合比、泡沫供给速率、自接到火灾模拟信号至开始喷射泡沫的时间应符合设计要求。高倍数泡沫灭火系统全部应用对象应进行试验。

评价反馈

对泡沫灭火系统调试及检测的评价反馈见表4-9（分小组布置任务）。

表 4-9 对泡沫灭火系统调试及检测的评价反馈

序号	检测项目	评价任务及权重	自评	小组互评	教师评价
1	泡沫灭火系统检查表的完整性	泡沫灭火系统检查表是否完整，缺 1 项扣 5 分（共 40 分）			
2	泡沫灭火系统调试的正确性	泡沫灭火系统调试是否正确，1 项不正确扣 5 分（共 40 分）			
3	完成时间	规定时间内没完成者，每超过 2min 扣 2 分（共 10 分）			
4	工作纪律和态度	团队协作能力差，不爱护设备和环境，纪律差者，酌情扣 5 ~ 10 分（共 10 分）			
任务总评	优(90 ~ 100)□ 良(80 ~ 90)□ 中(70 ~ 80)□ 合格(60 ~ 70)□ 不合格(小于 60)□				

项目五

防烟排烟系统安装与调试检测

项目概述

防烟排烟系统的组成、原理与作用

防烟排烟系统在建筑火灾中起着至关重要的作用，本项目的主要内容是认识防烟排烟系统的外形，了解相关组件的作用，实地检查建筑防烟排烟系统，填写检查表，最后完成防烟排烟系统的调试检测。

教学目标

1. 知识目标

了解防烟排烟系统的分类与组成，掌握防烟排烟系统的安装与检测验收方法。

2. 技能目标

能够进行防烟排烟系统的安装与调试。

职业素养提升要点

建筑防烟排烟工程的安装与调试必须符合《建筑防烟排烟系统技术标准》（GB 51251—2017）等规范以及标准的要求，保障施工质量，培养工匠精神和精益求精的工作态度。

任务一　防烟排烟系统的组件及安装

任务描述

本任务的主要内容是认识防烟排烟系统组件的外形和作用，通过考察调研某高层建筑，检查其防烟系统和排烟系统各组件的安装是否合理。

任务实施

一、防排烟系统的组件

（一）系统分类

防烟排烟系统按照其控烟机理，分为防烟系统和排烟系统。防烟系统是指采用机械加压送风或自然通风的方式，防止烟气进入楼梯间、前室、避难层（间）等空间的系统；排烟系统是指采用机械排烟或自然排烟的方式，将房间、走道等空间的烟气排至建筑物外的系统。防烟设施分为机械加压送风的防烟设施和可开启外窗的自然防烟设施；排烟设施分为机械排烟设施和可开启外窗的自然排烟设施。如图 5-1 所示为自然排烟图示。

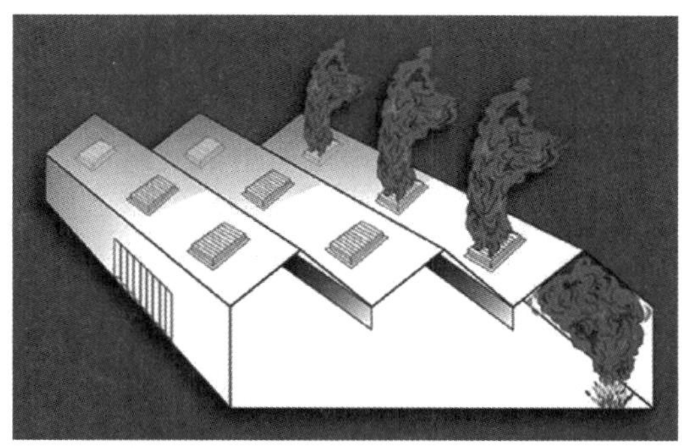

图 5-1　自然排烟图示

（二）系统组成

防烟排烟系统由风口、风阀、排烟窗和风机、风道以及相应的控制系统构成。

1. 防烟系统

1）机械加压送风的防烟设施。机械加压送风的防烟设施包括加压送风机、加压送风管道、加压送风口等。当防烟楼梯间加压送风而前室不送风时，楼梯间与前室的隔墙上还可能设有余压阀。

① 加压送风机：一般采用中、低压离心风机，混流风机或轴流风机。加压送风管道采用不燃材料制作。

② 加压送风口：分为常开式、常闭式和自垂百叶式。常开式即普通的固定叶片式百叶风口；常闭式采用手动或电动开启，常用于前室或合用前室；自垂百叶式平时靠百叶重力自行关闭，加压时自行开启，常用于防烟楼梯间。楼梯间的加压送风口，一般采用常开式或自垂式百叶风口。

图 5-2 和图 5-3 为多叶加压送风口，平时关闭，火灾时自动开启。装置接到火灾探测器，通过控制盘或控制中心输入的电信号，让电磁铁线圈通电，多叶加压送风口打开。

图 5-4 为自垂百叶式送风口。

③ 余压阀：余压阀是为了维持一定的加压空间静压，实现其正压的无能耗自动控制而设置的设备。它是一个单向开启的风量调节装置，按静压差来调整开启度，用重锤的位置来平衡风压，如图 5-5 和图 5-6 所示。余压阀一般设置在楼梯间与前室、前室与走道之间的隔墙上，这样空气通过余压阀从楼梯间送入前室，当前室超压时，空气再从余压阀漏到走道，使楼梯间和前室能维持各自的压力。

图 5-2　多叶加压送风口

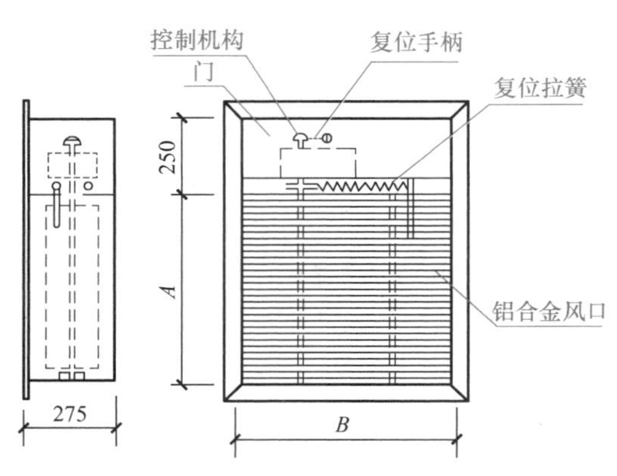

图 5-3　多叶加压送风口示意图

图 5-4　自垂百叶式送风口

图 5-5　余压阀实物图

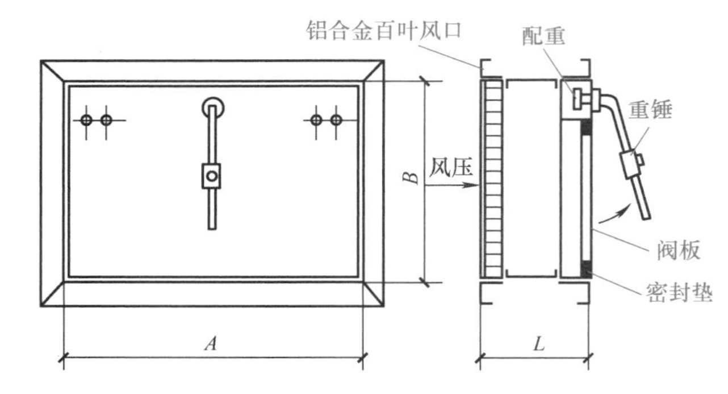

图 5-6　余压阀示意图

2）可开启外窗的自然防烟设施。可开启外窗的自然防烟设施，通常指位于防烟楼梯间及其前室、消防电梯前室或合用前室外墙上的洞口或便于人工开启的普通外窗。可开启外窗的开启面积以及开启的便利性都有相应的要求，虽然不列为专门的消防设施，但其设置与维护管理仍不能忽略。

2. 排烟系统

（1）机械排烟设施　机械排烟设施包括排烟风机、排烟管道、排烟防火阀、排烟口、挡烟垂壁等。

1）排烟风机。排烟风机一般可采用离心风机、排烟专用的混流风机或轴流风机，也可采用风机箱或屋顶式风机。排烟风机与加压送风机的区别在于：排烟风机应保证在 280℃ 的环境条件下能连续工作不少于 30min。图 5-7 ~ 图 5-10 为不同类型的排烟风机。

2）排烟管道。排烟管道采用不燃材料制作，常用的排烟管道采用镀锌钢板加工制作，厚度应符合高压系统要求，并应采取隔热防火措施或与可燃物保持不小于 150mm 的距离。

3）排烟防火阀。排烟防火阀安装在机械排烟系统的管道上，平时呈开启状态。在发生火灾的情况下，当排烟管道内温度达到 280℃ 时阀门关闭，并在一定时间内能满足漏烟量和耐火完整性要求，起隔烟阻火的作用。排烟防火阀一般由阀体、叶片、执行机构和温感器等部分组成，如图 5-11 和图 5-12 所示。

图 5-7　离心风机

图 5-8　轴流风机

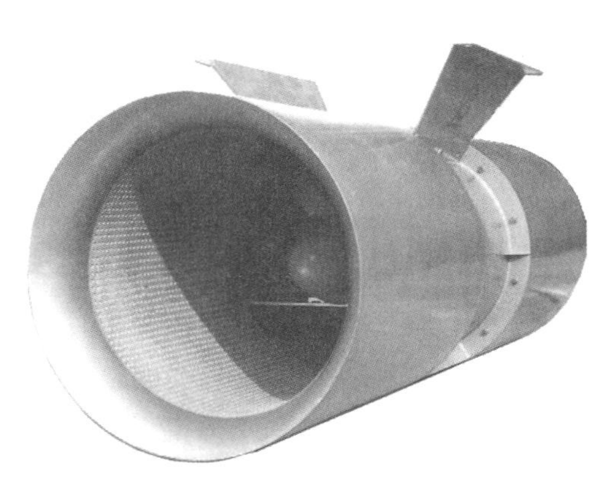

图 5-9　隧道用射流风机

图 5-10　可逆转地铁隧道轴流风机

图 5-11　排烟防火阀

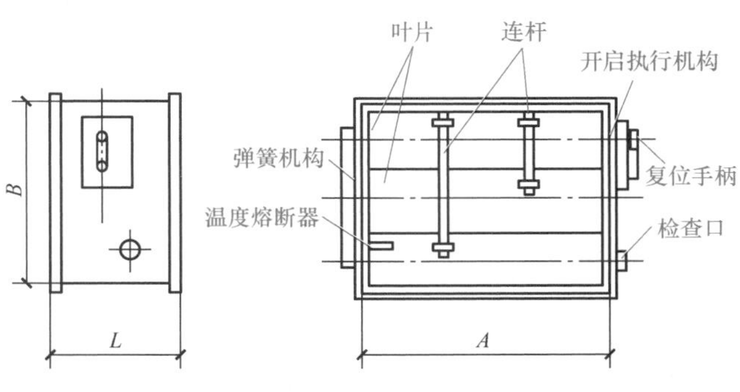

图 5-12　排烟防火阀示意图

4）排烟口。排烟口安装在机械排烟系统的风管（风道）侧壁上作为烟气吸入口，平时呈关闭状态并满足允许漏风量要求，火灾或需要排烟时手动或电动打开，起排烟作用，外加带有装饰口或进行过装饰处理的阀门。

① 板式排烟口：板式排烟口由电磁铁、阀门、微动开关、叶片等组成。板式排烟口平时常闭；火灾发生时，控制中心 DC24V 电信号或手动作用下将排烟口打开，进行排烟。排烟口打开时输出电信号，可与消防系统或其他设备联锁；排烟完毕后需要手动复位。在人工手动无法复位的场合，可以采用全自动装置进行复位。图 5-13 和图 5-14 为带手动控制装置的板式排烟口。

图 5-13　板式排烟口

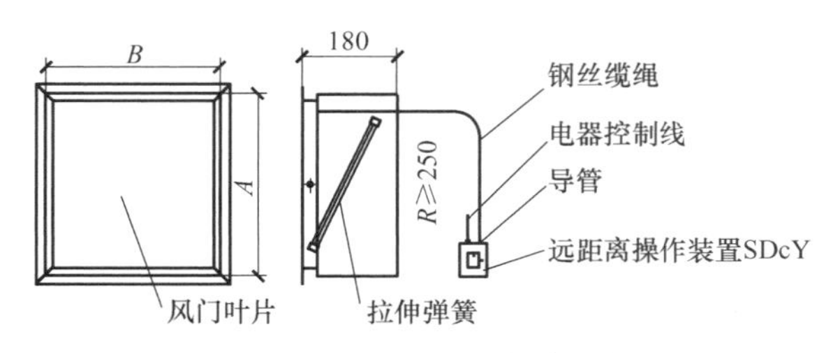

图 5-14　板式排烟口结构示意图

② 多叶排烟口：多叶排烟口内部为排烟阀门，外部为百叶窗，如图 5-15 和图 5-16 所示。火灾发生时，通过控制中心 DC24V 电源或手动使阀门打开进行排烟。

图 5-15　多叶排烟口

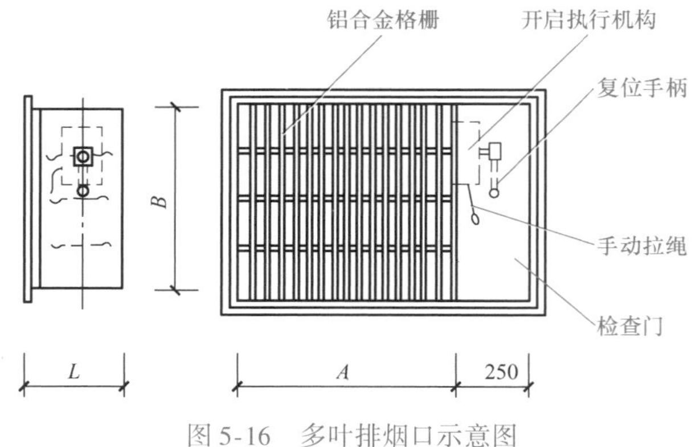

图 5-16　多叶排烟口示意图

5）挡烟垂壁。挡烟垂壁是用于分隔防烟分区的装置或设施，可分为固定式和活动式。固定式挡烟垂壁可采用隔墙、楼板下不小于 500mm 的梁或吊顶下凸出不小于 500mm 的不燃烧体。活动式挡烟垂壁本体采用不燃烧体制作，平时隐藏于吊顶内或卷缩在装置内；当其所在部位温度升高，或消防控制中心发出火警信号或直接接收烟感信号后，置于吊顶上方的挡烟垂壁迅速垂落至设定高度，限制烟气流动以形成“储烟仓”，便于排烟系统将高温烟气迅速排出室外。根据材质不同，常用的挡烟垂壁可分为以下几种。

① 高温夹丝防火玻璃：高温夹丝防火玻璃又称安全玻璃，玻璃中间镶有钢丝，在欧美国家得到了广泛的运用。其特点是遇到外力冲击破碎时，破碎的玻璃不会脱落或整个垮塌而危及人员，具有较好的安全性。

② 单片防火玻璃：单片防火玻璃是一种单层玻璃构造的防火玻璃，在一定的时间内能保持耐火完整性，阻断迎火面的明火及有毒有害气体，但不具备隔温绝热效果。单片防火玻璃型挡烟垂壁的优点是美观，它广泛应用于人流、物流不大，但对装饰要求较高的场所，如高档酒店、会议中心、文化中心、高档写字楼等；其缺点是遇到外力冲击时会发生垮塌，击伤或击毁下方的人员或设备。

③ 双层夹胶防火玻璃：双层夹胶防火玻璃由两层单片防火玻璃中间夹一层无机防火胶而制成。它既有单片防火玻璃的美观度，又有高温夹丝防火玻璃的安全性，但其造价较高。

④ 板型挡烟垂壁：板型挡烟垂壁用涂碳金刚砂板等不燃材料制成。板型挡烟垂壁造价低，使用范围主要是车间、地下车库、设备间等对美观要求较低的场所。

⑤ 挡烟布：挡烟布是以耐高温玻璃纤维布为基材，经有机硅橡胶压延或刮涂而成，是一种高性能、多用途的复合材料，如图 5-17 所示。挡烟布的使用场所和价格都与板型挡烟垂壁基本相同。

图 5-17　挡烟布

（2）可开启外窗的自然排烟设施　可开启外窗的自然排烟设施包括便于人工开启的普通外窗，以及专门为高大空间自然排烟而设置的自动排烟窗。自动排烟窗平时作为自然通风设施，根据气候条件及通风换气的需要开启或关闭，发生火灾时，在消防控制中心发出火警信号或直接接受烟感信号后开启，同时具有自动和手动开启功能。

二、防烟排烟系统的安装

（一）防烟排烟系统施工的总体要求

1）系统施工单位应当具有相应的资质等级。

2）施工过程中应规范填写防烟排烟系统施工记录表。

3）设计施工图样、设计总说明经过有关部门的审核批准。严格按设计图样施工，不能随意改变管道线路的走向，更改设备和设施；修改设计必须有设计变更的正式手续。

4）主要设备应具有国家法定检测机构的检测报告和产品出厂合格证。不能选用落后的防火阀、排烟防火阀、控制器等机电产品以及不满足国家规范要求的材料，更不能选用劣质不合格的产品设备和材料。

5）施工前应对主要设备进行外观检查，使其满足以下要求：主要设备的名称、规格、型号应与设计相符，设备的外观应无变形及其他机械性损伤，设备的外露非机械加工表面保护涂层完好，无保护涂层的机械加工面无锈蚀，所有外露接口无损伤，堵、盖等保护物包封良好，铭牌清晰、牢固。

6）严格按照国家现行规范规定的施工工艺进行施工，以达到较好的工程质量。

7）隐蔽工程要严格把关，认真测试，经常需要检查的防火阀、排烟防火阀等阀门设备的隐蔽部位要预留检查口，以便日后检查维护。

8）风机、风口等设备、设施安装应正确牢固可靠。

9）防烟排烟系统应遵循图5-18所示的工艺流程。

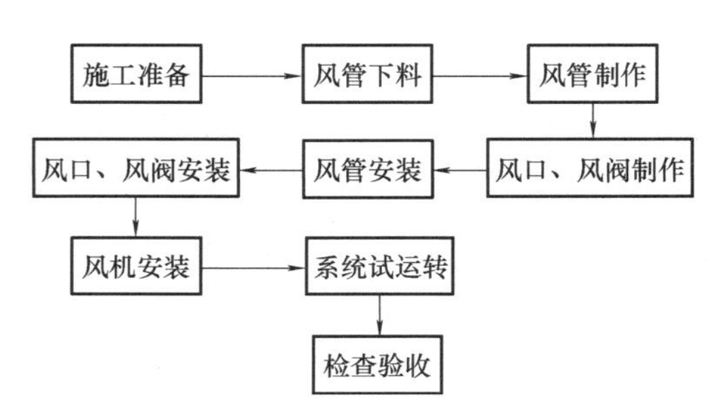

图5-18　防烟排烟系统施工的工艺流程

（二）防烟排烟管道的加工制作

1. 防烟排烟系统管道施工材料

板材与型钢是防烟排烟设备制作安装工程中重要的基础材料。板材广泛应用于制作防烟排烟管道及配件，型钢则多用于防烟排烟管道支吊架、法兰以及设备固定支架等。板材、型钢应具有出厂合格证明或质量鉴定文件。

（1）金属薄板　防烟排烟工程中，金属薄板主要用于制作排烟和加压送风管道。常用金属薄板有镀锌钢板（白铁皮）、普通钢板（俗称黑铁皮）、不锈钢板等。

制作防烟排烟管道和部件用的金属薄板应满足如下要求：板面平整、光滑，无脱皮现象（普通薄钢板允许表面有紧密的氧化铁薄膜层），不得有裂缝、结疤及锈坑，厚薄均匀一致，边角规则呈矩形，有较好的延展性，适宜咬口加工。镀锌薄钢板表面不得有裂纹、结疤及水印等缺陷，应有镀锌层结晶花纹。

（2）型钢　在防烟排烟工程施工过程中，型钢主要用于风管法兰盘、加固圈以及管路的支、吊、托架等。常用型钢种类有：扁钢、角钢、圆钢、槽钢等。

2. 防排烟系统施工机具

常用的画线工具如图5-19所示。

1）不锈钢直尺。用不锈钢板制成，长度为150mm、300mm、600mm、900mm、1000mm几种，尺面上刻有公制长度单位。用于测量直线长度和画直线。

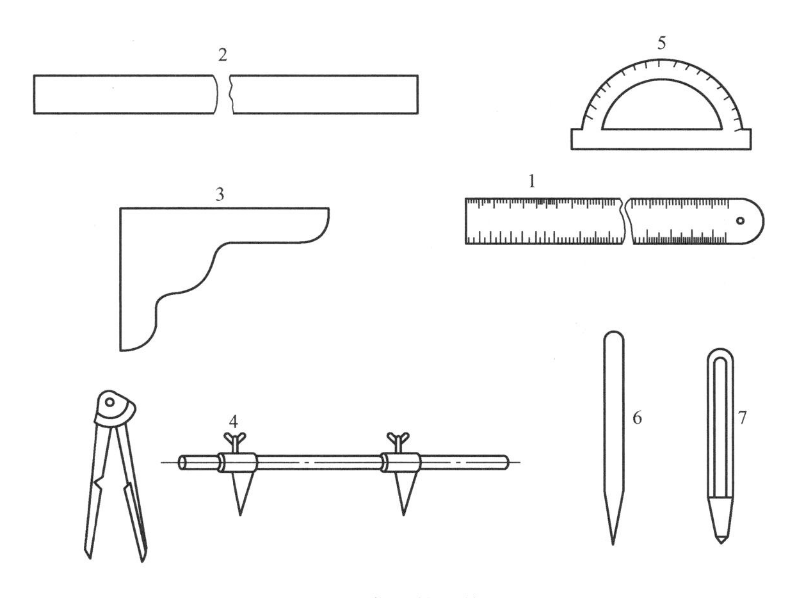

图 5-19　常用的画线工具

1—不锈钢直尺　2—钢直尺　3—90°角尺　4—画规、地规　5—量角器　6—划针　7—样冲

2）90°角尺。也称角尺，用薄钢板或不锈钢板制成，用于画垂直线或平行线，并可作为检测两平面是否垂直的量具。

3）画规。用于画较小的圆、圆弧、截取等长线段等；地规用于画较大的圆。画规和地规的尖端应经淬火处理，以保持坚硬和经久耐用。

4）量角器。用于测量和划分各种角度。

5）划针。由中碳钢制成，用于在板材上划出清晰的线痕。划针的尖部应细而硬。

6）样冲。由高碳钢制成，尖端磨成60°角，用于在金属板面上冲点，为圆规画圆或画弧定心，或作为钻孔时的中心点。

7）曲线板。用于连接曲面上的各个截取点，画出曲线或弧线。

3. 金属风管的加工制作机具

（1）金属板材的剪切机具　金属板材的剪切分为手工剪切和机械剪切。手工剪切常用的工具有直剪刀、弯剪刀、手动滚轮剪刀等，可依板材厚度及剪切图形适当选用，剪切厚度在1.2mm以下。机械剪切常用的机具有龙门剪板机（图5-20）、振动式曲线剪板机、双轮直线剪板机、电剪刀等（图5-21）。龙门剪板机适用于板材的直线剪切，剪切宽度为2000mm，厚度4mm。振动式曲线剪板机适用于剪切厚度为2mm以内的曲线板材，可以在板材中间直接剪切内圆（孔），也可以剪切直线，但效率较低。双轮直线剪板机适用于剪切厚度在2mm以内的板材，可做直线和曲线剪切。电剪刀适用于剪切厚度在2mm以内的板材，可以在板材中间直接剪切内圆（孔），也可以剪切直线。在防烟排烟工程施工过程中，龙门剪板机、双轮直线剪板机体积比较大，在施工现场应用得比较少，电剪刀较为常用。

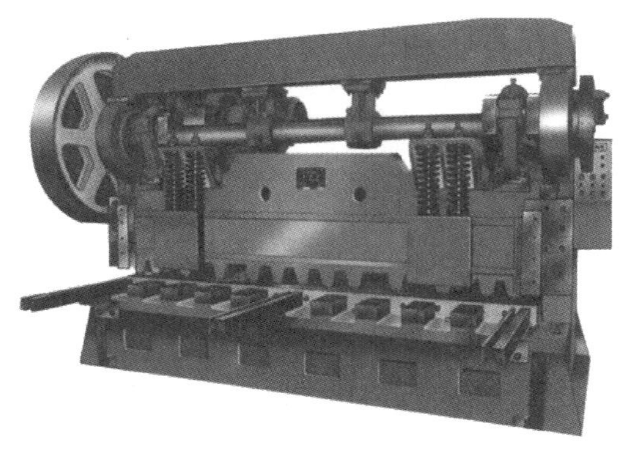

图 5-20　龙门剪板机

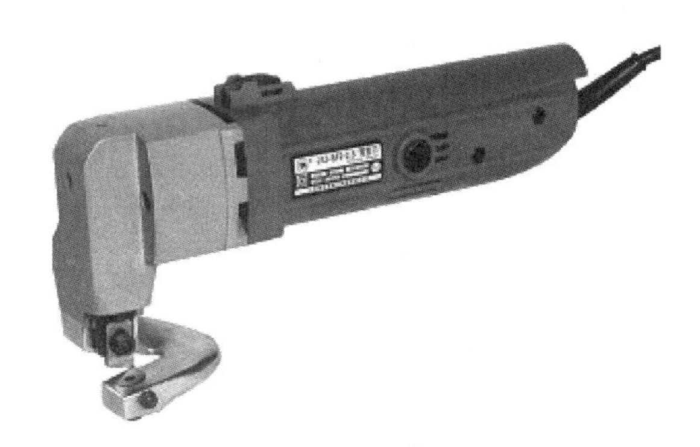

图 5-21　电剪刀

（2）金属板材的加工机具　金属板材的加工机具主要是将剪切过的金属钢板加工成各种形状的防烟排烟管道以及相关的部件。主要的加工机具有折方机、咬口机等。折方机用于将剪切过的金属板折成所需要的角度，如图 5-22 所示；咬口机则用于将金属板材的边缘做出各种形状的咬口，以实现板材的拼接和防烟排烟管道的闭合，如图 5-23 所示。

图 5-22　折方机

图 5-23　咬口机

（三）防烟排烟管道的安装

（1）安装过程中所需要的主要材料

1）膨胀螺栓。膨胀螺栓又名胀锚螺栓，是使风管支、吊、托架固定在墙、楼板、柱上所用的一种特殊螺纹连接件。膨胀螺栓由带锥螺杆、胀管、平垫圈、弹簧垫圈和六角螺母等组成，如图 5-24 所示。使用时，须先用冲击电钻（锤）在固定体上钻一相应尺寸的孔，再把螺栓、胀管装入孔中，旋紧螺母即可使螺栓、胀管、安装件与固定体之间胀紧成一体。

2）六角螺栓。在防烟排烟管道安装中，六角螺栓主要用于防烟排烟管道之间的连接，以及管道与部件、配件、设备之间的连接。

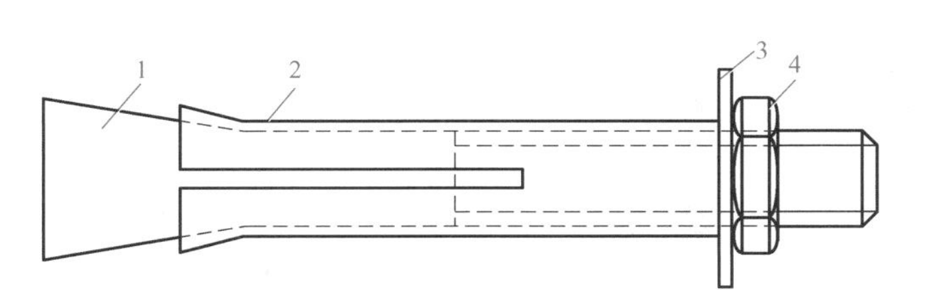

图 5-24　膨胀螺栓

1—带锥螺杆　2—胀管　3—平垫圈　4—六角螺母

在防烟排烟管道安装中，常用的材料还有密封胶带、电弧焊条、橡胶板等。

（2）安装过程中所需要的主要机具

1）手电钻、台钻。手电钻（图 5-25）和台钻（图 5-26）主要用于在型钢和板材上钻孔。

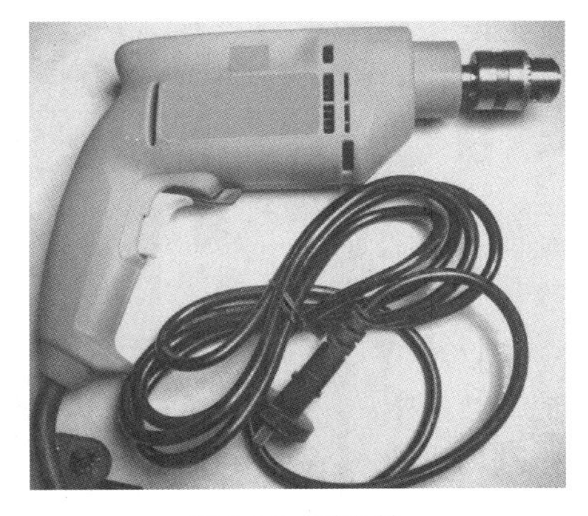

图 5-25　手电钻

图 5-26　台钻

2）冲击电钻。冲击电钻（图 5-27）是一种旋转并伴随冲击运动的特殊电钻，它除了可在金属上钻孔外，还能在混凝土、预制墙板、瓷砖及砖墙上钻孔，用来固定支、吊、托架。

3）交流电焊机。交流电焊机是手工电弧焊最简单而且最通用的一种，具有材料省、成本低、效率高、使用可靠、维修容易等优点。我国目前所使用的交流电焊机类型很多，如抽头式、可动线圈式、可动铁芯式和综合式等。各种类型的交流电焊机在结构上大同小异，工作原理基本相同。交流电焊机主要用来制作各种支、吊、托架和设备底座等，如图 5-28 所示。

4）水平尺和线坠。防烟排烟工程安装过程中，对支架、风管、设备等安装的水平度和垂直度都有一定的要求。水平尺和线坠就是用来检测安装水平度和垂直度的工具。

防烟排烟工程安装常用的水平尺由尺身和尺身上镶鞋的水平水准器、垂直水准器、45°水准器组成，它不仅可以用来测量水平度、垂直度，还可以用来测量 45°角，如图 5-29 所示。

图 5-27　冲击电钻

图 5-28　交流电焊机

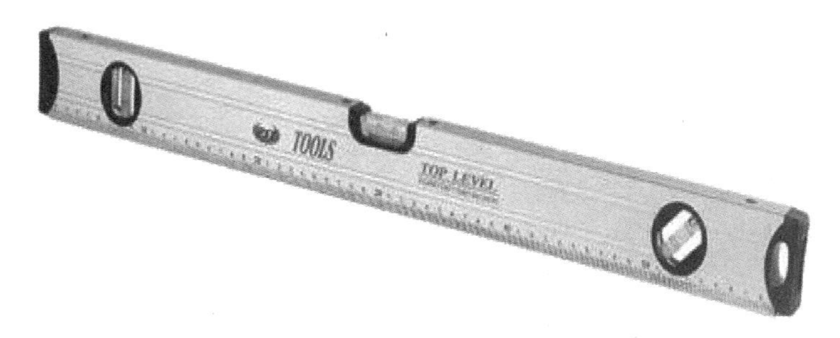

图 5-29　水平尺

磁力线坠（图 5-30）是将两个水平水泡管（垂直和水平各一个）和丝线及吊线坠组成一个整体，使用时可将线坠从磁铁上取下，由丝线下吊，将磁铁的一边吸于要测的风管或支、吊、托架壁上。磁力线坠适用于一般设备和管道安装的水平度和垂直度测量。这种量具的外形与钢卷尺相似，由壳体、线坠、钢带、水泡、磁铁、线轮等零件组成，它操作简便，收放自如，携带方便。

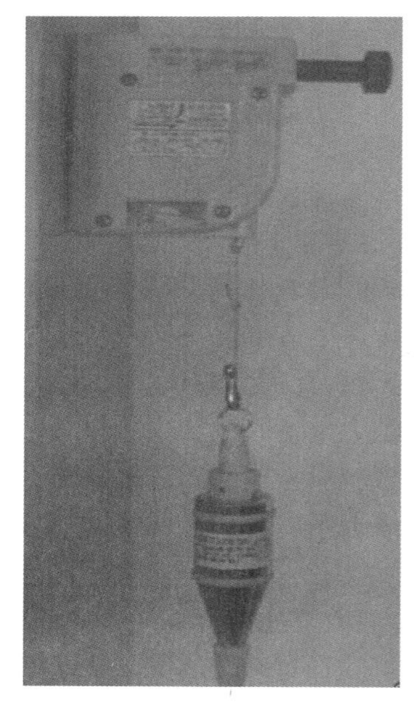

图 5-30　磁力线坠

5）麻绳。麻绳在安装过程中用作风管吊装时的吊绳，它具有轻便、容易捆、不易损伤风管等优点；但麻绳的强度低，吊装重量小于 500kg 为宜。

6）钢丝绳。钢丝绳又称钢索，是由高强度钢丝制成。它具有断面大小相等、强度高、耐磨损、弹性大、在高速度下受力运转时平稳、没有噪声、工作可靠等优点；主要缺点是不易弯曲，使用时需增大起重机的卷筒和滑轮直径，相应增加了机械的尺寸和重量。

7）砂轮切割机。砂轮切割机是利用高速旋转的砂轮片与型钢接触摩擦来切断型钢的机具。砂轮切割机可用于切断角钢、小型号槽钢、圆钢等，如图 5-31 所示。砂轮片是砂轮切割机的主要部件，其规格用外径、内径和厚度表示，常用的砂轮片规格为 ϕ300mm × 20mm × 3mm，如图 5-32 所示。砂轮切割机操作时应逐渐用力，以免砂轮破碎飞出伤人。为保证安全，砂轮片上必须有能遮盖 180°以上的保护罩。砂轮切割机效率高，移动方便，切口比较平整，即使有少许飞边也很容易用锉刀除去；但其噪声大，影响操作工人的身心健康及周围的正常工作环境。

图 5-31 砂轮切割机

图 5-32 砂轮片

在防烟排烟管道安装中，常用的机具还有滑轮、三脚架、手动葫芦等。

(四) 防烟排烟管道支、吊架的形式及安装

风管常沿墙、柱、楼板或屋架敷设，安装固定于支、吊架上。支、吊架安装是风管安装的第一道工序。支、吊架的形式应按国标图集与规范选用。对于直径或边长大于 2500mm 的超宽、超重等特殊风管的支、吊架，应按设计规定，并结合工程的具体情况选择，可用圆钢、扁钢、角钢等制作，大型风管支架也可以用槽钢制成。

1. 风管托架在墙上的安装

沿墙安装的风管常用托架固定。风管托架横梁一般用角钢制作；风管直径大于 1000mm 时，托架横梁应用槽钢制作。为保持风管的稳定性，支架上用抱箍固定风管，抱箍用扁钢制成，钻孔后用螺栓和风管托架结为一体。防烟排烟管道的托架安装如图 5-33 所示。

托架安装时，可根据已定的标高（圆形风管以管中心标高为准，矩形风管以底标高为准；如果管道需要隔热，还应减去木垫的厚度），在墙上量出托架角钢离地的距离。横梁埋入墙内应不少于 200mm，栽埋要平整、牢固。斜撑角钢与横梁的焊接应使焊缝饱满、连接牢固。

2. 风管支架在柱上安装

风管支架可用预埋钢板或预埋螺栓的方法固定，或用圆钢、角钢等型钢作抱柱式安装。柱面预埋有铁件时，可将支架型钢焊接在铁件上。如果是预埋螺栓，可将支架型钢紧固在上面，也可以用抱箍将支架夹在柱上。柱上支架的安装如图 5-34 所示。

图 5-33　防烟排烟管道的托架安装

当风管比较长时，需要在一排柱上安装支架。这时应先把两端的支架安好，再以两端的支架标高为基准，在两个支架型钢的上表面拉一根钢丝。中间的支架高度按钢丝标高进行，以便使安装的风管保持水平。钢丝一定要拉紧。

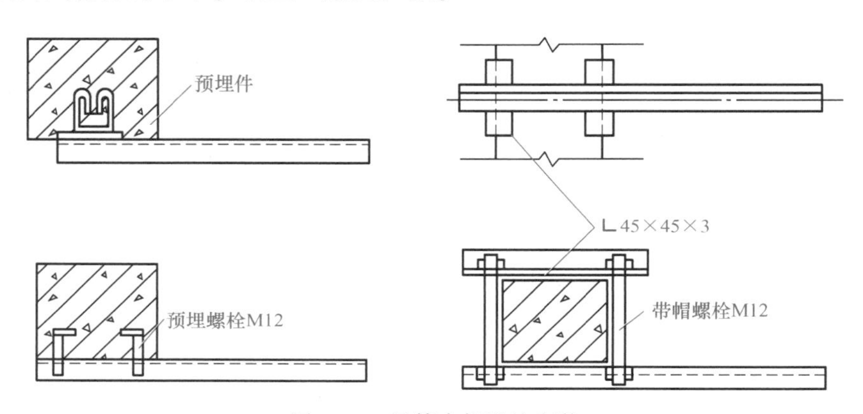

图 5-34　风管支架沿柱安装

3. 风管吊架

当风管需安装在楼板、屋面、梁的下面，且距墙、柱较远，不能采用托架安装时，宜用吊架安装。圆形风管的吊架由吊杆和抱箍组成，矩形风管吊架由吊杆和托梁组成，如图 5-35和图 5-36 所示。

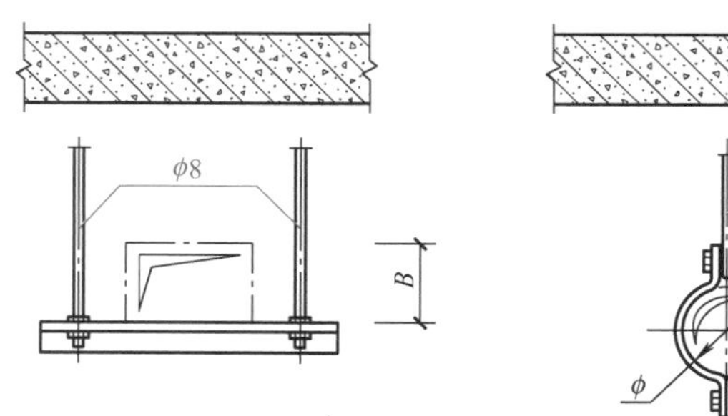

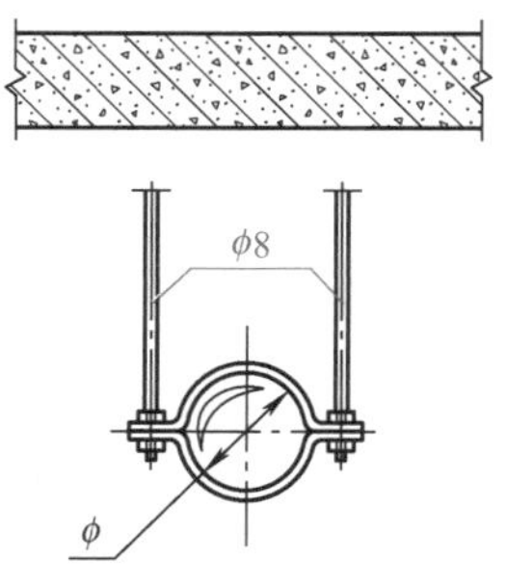

图 5-35　风管吊架的形式

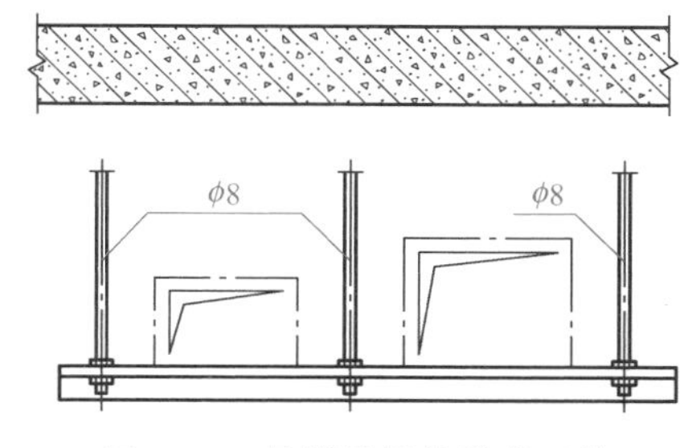

图 5-35　风管吊架的形式（续）

图 5-36　风管吊装

圆形风管的抱箍可按风管直径用扁钢制成。为了安装方便，抱箍做成两个半边，用螺栓卡接风管。圆形风管在用单吊杆的同时，为防止风管晃动，应每隔两个单吊杆设一个双吊杆。矩形风管的托梁一般用角钢制成；风管较重时也可以采用槽钢。矩形风管采用双吊杆；两矩形风管并行时，采用多吊杆安装。托梁上穿吊杆的螺孔距离，应比风管宽 60mm（每边宽 30mm）；如果是保温风管，则应宽 200mm（每边宽 100mm），一般都使用双吊杆固定。吊杆由圆钢制成，端部应加工有 50～60mm 长的螺纹，通过调整螺帽的高度来调整风管的标高。

根据建筑物的实际情况，吊杆上部可用膨胀螺栓、抱箍或电焊固定在建筑物结构上。固定的方式如图 5-37 所示，此外，吊杆在楼板和梁上安装时均可以采用膨胀螺栓。安装时，

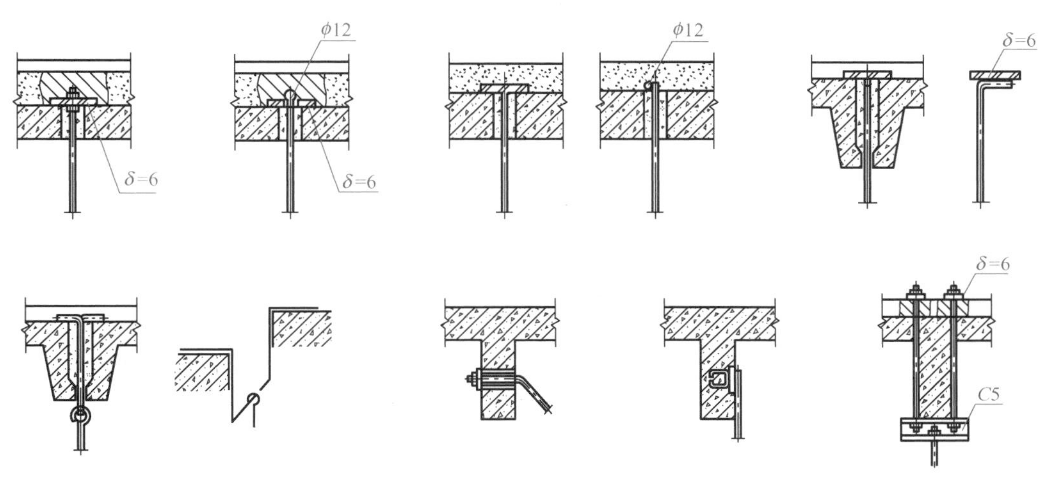

图 5-37　吊架的固定

需根据风管的中心线找出吊杆的位置，单吊杆可安装在风管的中心线上，双吊杆可按托梁的螺孔位置或依据风管中心线通过计算对称安装。

（五）阀门及风口的安装

1. 排烟防火阀的安装

排烟防火阀安装在排烟风机的进口处，它要保证在火灾时能起到关闭和联动风机停止工作的作用。排烟防火阀有水平安装、垂直安装和左式、右式之分，安装时应根据不同类型正确操作，否则将造成不应有的损失。为防止排烟防火阀易熔件脱落，易熔件应在系统安装后再装。安装应严格按照标示方向进行，以使阀瓣的开启方向为逆气流方向，易熔件处于来流一侧。阀瓣关闭应保持严密。外壳的厚度不小于2mm，以防止火灾时变形导致排烟防火阀失效。转动部件应灵活，并应采用耐腐蚀材料制作，如黄铜、青铜、不锈钢等金属材料。排烟防火阀的直径或长边尺寸大于或等于630mm时，宜设独立支、吊架。排烟防火阀在吊顶和墙内侧安装时，要留出检查开闭状态和进行手动复位的操作空间，阀门的操作机构一侧应有200mm的净空间。排烟防火阀安装完毕后，应能通过阀体标识，判断阀门的开闭状态。

2. 排烟口的安装

排烟口既可以直接安装在排烟管道上，也可以安装在墙上和排烟竖井相连。排烟口的安装形式如图5-38和图5-39所示。

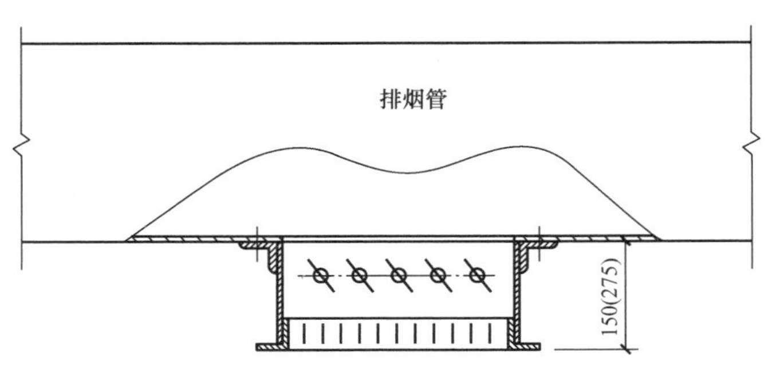

图5-38　多叶排烟口在排烟管上的安装

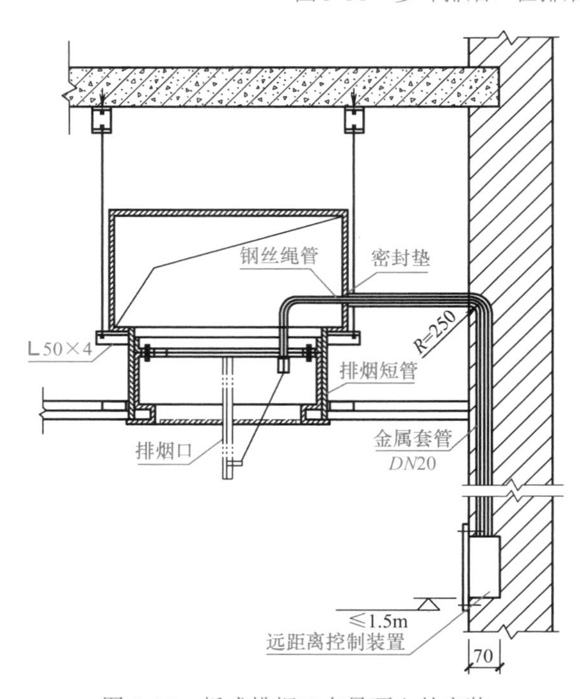

图5-39　板式排烟口在吊顶上的安装

多叶排烟口的铝合金百叶风口可以拆卸，安装在排烟管上时先取下百叶风口，用螺栓、自攻螺钉将阀体固定在连接法兰上，然后将百叶风口安装到位，如图 5-38 所示。多叶排烟口安装在排烟井壁上时，先取下百叶风口，用自攻螺钉将阀体固定在预埋在墙体内的安装框上，然后装上百叶风口。

板式排烟口在吊顶安装时，排烟管道安装底标高距吊顶大于 250mm。排烟口安装时，首先将排烟口的内法兰安装在短管内，定好位后用铆钉固定，然后将排烟口装入短管内，用螺栓和螺母固定；也可以用自攻螺钉把排烟口外框固定在短管上，如图 5-39 所示。板式排烟口安装在排烟竖井上时，也是用自攻螺钉将阀体固定在预埋在墙体内的安装框上的。

排烟口安装时应注意以下事项。

1）排烟口及手控装置（包括预埋导管）的位置应符合设计要求。

2）排烟口安装后应做动作试验，手动、电动操作应灵活、可靠，阀板关闭时应严密。

3）排烟口的安装位置应符合设计要求，并应固定牢靠，表面平整、不变形，调节灵活。

4）排烟口距可燃物或可燃构件的距离不应小于 1.5m。

5）排烟口的手动驱动装置应设在明显可见且便于操作的位置，距地面 1.3 ~ 1.5m。预埋管不应有死弯瘪陷，手动驱动装置操作应灵活。

6）排烟口与管道的连接应严密、牢固，与装饰面相紧贴；表面平整、不变形。同一厅室、房间内，相同排烟口的安装高度应一致，排列应整齐。

3. 加压送风口的安装

加压前室安装的多叶加压送风口，安装在加压送风井壁上，安装方式与多叶排烟口相同；前室若采用常闭的加压送风口，则加压送风口中有一个执行装置，如图 5-40所示。楼梯间安装的自垂式加压送风口，用自攻螺钉将风口固定在预埋在墙体内的安装框上，如图 5-41所示，安装后如图 5-42 所示。楼梯间普通百叶风口的安装方式与自垂式加压送风口相同。

图 5-40　加压送风口执行装置

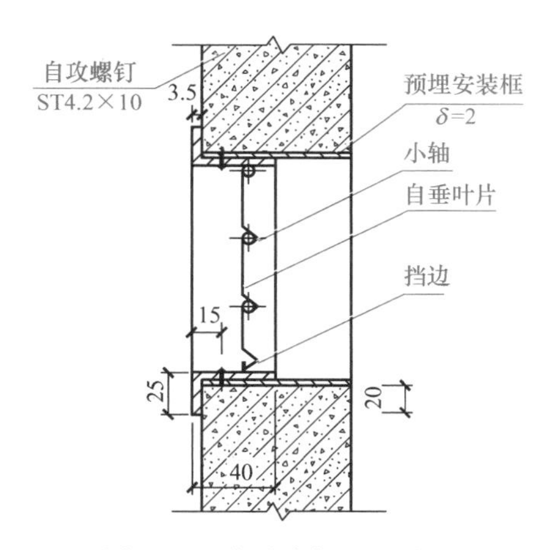

图 5-41　自垂式加压送风口

加压送风口的安装位置应符合设计要求，并应固定牢靠，表面平整、不变形，调节灵活。常闭送风口的手动驱动装置应设在便于操作的位置，预埋套管不得有死弯及瘪陷，手动驱动装置操作应灵活。手动开启装置应固定安装在距楼地面 1.3 ~ 1.5m 之间，并应明显可见。

图 5-42 楼梯间自垂式加压送风口

（六）防烟排烟风机的安装

1. 防烟排烟风机安装前的准备工作

安装前应进行开箱检查，并形成验收文字记录。箱内应有装箱单、设备说明书、产品出厂合格证和产品质量鉴定文件；核查叶轮、机壳和其他部件的主要尺寸以及进出风口的位置等是否与设计图样相符，叶轮的旋转方向是否符合设备技术文件的规定，风机的外观是否破损等。

安装前，对设备基础或钢支架进行检查和验收，检查其尺寸、标高、地脚螺栓孔位置等是否与设计要求相符。

2. 防烟排烟风机的安装方法

（1）安装的基本顺序

1）清理基础，做好标记。风机安装前，将设备基础表面的油污、泥土、杂物清除，地脚螺栓预留孔的杂物清除干净，并应在地脚螺栓预留孔表面铲出麻面，以使二次浇灌的混凝土或水泥砂浆能与基础紧密结合。风机设备安装就位前，按设计图样和建筑物的轴线、边缘线、标高线放出安装基准线。

2）机组吊装、校正、找平。整体式小型风机，应在底座上穿入地脚螺栓，并将风机连同底座一起吊装在基础上。吊装时与机壳边接触的绳索，在棱角处应垫好柔软的材料，防止磨损机壳及切断绳索。整体式小型风机吊装时直接放置在基础上，调整底座的位置，使底座和基础的纵、横中心线相吻合。用水平尺检查风机的底座放置是否水平，通过加装垫铁来调整风机底座的水平度。垫铁一般应放在地脚螺栓两侧，斜垫铁必须成对使用。设备安装好后同一组垫铁应点焊在一起，以免受力时松动。

3）地脚螺栓的二次灌浆或型钢支架的初步紧固。地脚螺栓灌注时，应使用与混凝土基础同等级的混凝土。

4）复测风机安装的中心偏差、水平度和联轴器的轴向偏差、径向偏差等是否满足要求。当二次灌浆的混凝土强度达到设计强度的 75% 时，复测风机的水平度、中心偏差等，没问题后，将垫铁点焊在一起。

5）固定风机。拧紧螺栓固定好风机，并用水泥砂浆抹平基础表面。分体式风机，应在风机机座上穿入螺栓，并把风机机座吊装到基础上。调整风机的中心位置，使风机和基础的纵、横中心线相吻合，将风机叶轮安装在风机主机轴上，吊装电动机和轴承架到基础上并调整位置，用水平尺检查风机安装的水平度。采用皮带传动时，应使电动机轴和风机轴的中心线平行，带的拉紧程度应适当，一般可用手敲打已装好的皮带中间，以稍有弹跳为宜。

（2）防烟排烟风机的安装形式　防烟排烟风机在工程中主要有三种安装形式：在屋顶的钢筋混凝土基础上安装、在屋顶钢支架上安装和在楼板下吊装，如图5-43～图5-47所示。

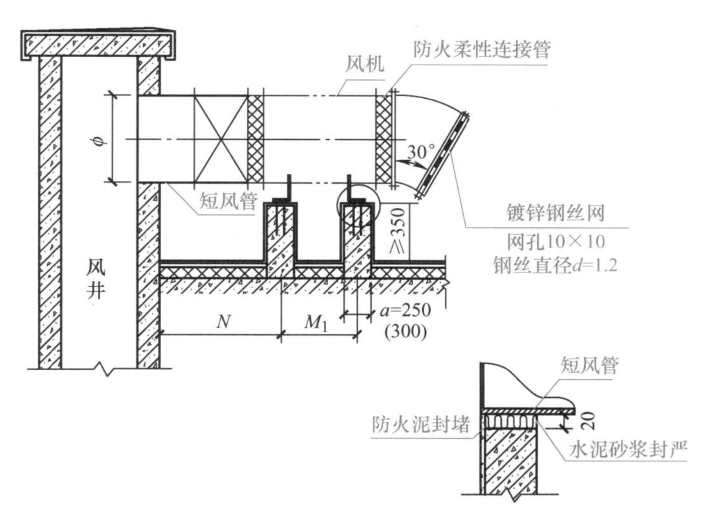

图5-43　屋顶防烟排烟风机在钢筋混凝土基础上安装

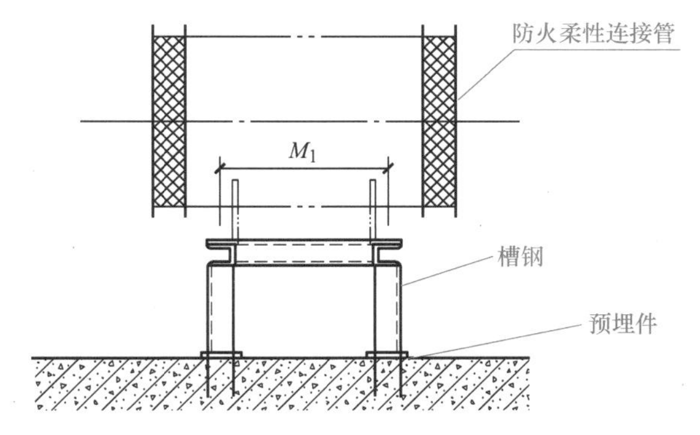

图5-44　屋顶防烟排烟风机在钢架基础上安装

图5-45　屋顶防烟排烟风机

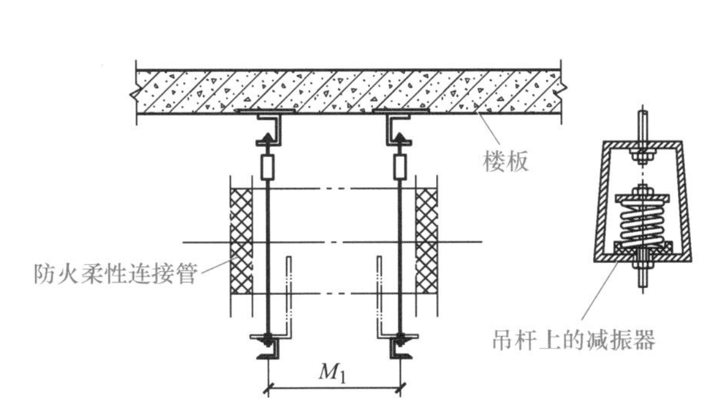

图5-46　防烟排烟风机在楼板下吊装

图5-47　排烟风机在楼板下吊装

(3) 防烟排烟风机的安装要求

1) 防烟排烟风机的安装偏差应满足表 5-1 的要求。

2) 安装风机的钢支、吊架，其结构形式和外形尺寸应符合设计或设备技术文件的规定，焊接应牢固，焊缝应饱满、均匀，支架制作安装完毕后不得有扭曲现象。

表 5-1 防烟排烟风机安装的允许偏差

项次	项　目		允许偏差	检验方法
1	中心线的平面位移		10mm	经纬仪或拉线和尺量检查
2	标高		±10mm	水准仪或水平仪、直尺、拉线和尺量检查
3	皮带轮轮宽中心平面偏移		1mm	在主、从动皮带轮端面拉线和尺量检查
4	传动轴水平度		纵向 0.2/1000 横向 0.3/1000	在轴或皮带轮 0°和 180°的两个位置上，用水平仪检查
5	联轴器	两轴芯径向位移	0.05mm	在联轴器互相垂直的四个位置上，用百分表检查
		两轴线倾斜	0.2/1000	

3) 风机进出口应采用柔性短管与风管相连。柔性短管必须采用不燃材料制作。柔性短管长度一般为 150～250mm，应留有 20～25mm 搭接量，如图 5-48 所示。

图 5-48 排烟风机的柔性短管

4) 离心式风机出口应顺叶轮旋转方向接出弯管。如果现场条件限制达不到要求，应在弯管内设导流叶片。

5) 单独设置的防烟排烟系统风机，在混凝土或钢架基础上安装时可不设减振装置；若排烟系统与通风空调系统共用，则需要设置减振装置。

6) 风机与电动机的传动装置外露部分应安装防护罩，风机的吸入口、排出口直通大气时，应加装保护网或其他安全装置。

7) 风机外壳至墙壁或其他设备的距离不应小于 600mm。

8) 排烟风机宜设在该系统最高排烟口之上，且与加压送风口边缘的水平距离不小于 10m，或吸气口必须低于排烟口 3m。不允将排烟风机设在封闭的吊顶内。

9) 排烟风机设置在机房时，机房与相邻部位应采用耐火极限不低于 2h 的隔墙、不低于 1h 的楼板和甲级防火门隔开。

10) 设置在屋顶的送、排风机、阀门不能日晒雨淋，应当设置避挡防护设施。

11）固定防烟排烟系统风机的地脚螺栓应拧紧，并有防松动措施。

检查数量：全数检查。

检查方法：依据设计图核对、直观检查。

（七）其他设施的安装

1. 挡烟垂壁

挡烟垂壁（图 5-49）的安装应满足下列要求。

1）型号、规格、下垂的长度和安装位置应符合设计要求。

2）活动挡烟垂壁与建筑结构（柱或墙）面的缝隙不应大于 60mm，由两块或两块以上的挡烟垂帘组成的连续性挡烟垂壁，各块之间不应有缝隙，搭接宽度不应小于 100mm。

3）活动挡烟垂壁的手动操作装置应固定安装在距楼地面 1.3～1.5m 之间，并便于操作、明显可见。

2. 排烟窗

排烟窗（图 5-50）的安装应满足下列要求。

1）型号、规格和安装位置应符合设计要求。

2）手动开启装置应固定安装在距楼地面 1.3～1.5m 之间，并便于操作、明显可见。

3）自动排烟窗的驱动装置应灵活、可靠。

图 5-49　防火玻璃挡烟垂壁

图 5-50　自动排烟窗

检查数量：全数检查。

检查方法：依据设计图核对，尺量、动作检查。

评价反馈

对防烟排烟系统组件及安装的评价反馈见表 5-2（分小组布置任务）。

表 5-2　对防烟排烟系统组件及安装的评价反馈

序号	检测项目	评价任务及权重	自评	小组互评	教师评价
1	防烟排烟系统外形及组件认识的正确性	防烟排烟系统外形认识是否正确，1 项不正确扣 5 分（共 20 分）			
2	防烟排烟系统安装检查的完整性	防烟排烟系统安装检查是否完整，缺 1 项扣 5 分（共 30 分）			

（续）

序号	检测项目	评价任务及权重	自评	小组互评	教师评价
3	防烟排烟系统安装检查的正确性	防烟排烟系统安装检查是否正确，1项不正确扣5分（共30分）			
4	完成时间	规定时间内没完成者，每超过2min扣2分（共10分）			
5	工作纪律和态度	团队协作能力差，不爱护设备和环境，纪律差者，酌情扣5～10分（共10分）			
任务总评	优(90～100)□　良(80～90)□　中(70～80)□　合格(60～70)□　不合格(小于60)□				

任务二　防烟排烟系统调试检测

任务描述

本任务的主要内容是手动调试防烟排烟系统电源，调试及检测防烟排烟系统，以便保证在火灾发生时，防烟排烟系统能正常开启。

任务实施

一、防烟排烟系统的手动操作

（一）检查确认各系统处于完好有效状态

1）打开风机控制柜（图5-51）柜门，将双电源转换开关置于手动控制模式，并切换为备用电源供电状态。

2）将控制柜面板手/自动转换开关置于“手动”位。

3）实施手动启停风机操作。

4）将双电源转换开关置于自动控制模式，观察主电源是否能自动投入使用。

5）手/自动转换开关恢复“自动”位。

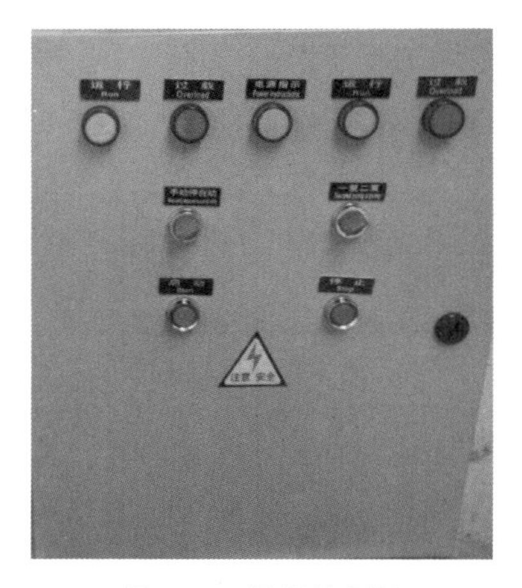

图5-51　风机控制柜

（二）现场手动操作常闭式加压送风口

1）检查确认防烟风机控制柜处于“自动”运行模式，消防控制室联动控制处于“自动允许”状态。

2）打开送风口执行机构护板，找到执行机构钢丝绳拉环，用力拉动，常闭式加压送风口应能打开。

3）观察送风机启动情况和消防控制室信号反馈情况。

4）将风机控制柜置于“手动”运行模式，手动停止风机运行，分别进行送风口复位、消防控制室复位操作。

5）将风机控制柜恢复“自动”运行模式。

（三）手动操作排烟系统组件

1）检查确认排烟风机控制柜处于“自动”运行模式，消防控制室联动控制处于“自动允许”和“手动允许”状态。

2）现场手动操作自动排烟窗和挡烟垂壁，观察其动作情况和消防控制室信号反馈情况。

3）在消防控制室手动启动排烟口，观察排烟风机启动和消防控制室信号反馈情况。

4）将风机控制柜置于“手动”运行模式，手动停止风机运行，分别进行排烟口复位、消防控制室复位操作。

5）将风机控制柜恢复“自动”运行模式。

（四）检查记录测试情况

风机长时间运转时，应确保相应区域的送风（排烟）口处于开启状态。

二、防烟排烟系统的调试

（一）防烟排烟系统的调试要求

系统调试所使用的测试仪器和仪表，性能应稳定可靠，其精度等级及最小分度值应能满足测定的要求，并应符合国家有关计量法规及检定规程的规定。系统调试应由施工单位负责，监理单位监督，设计单位和建设单位参与配合。系统调试可以由施工企业本身进行或委托给具有调试能力的其他单位进行。系统调试前，承包单位应编制调试方案，报送专业监理工程师审核批准；调试结束后，必须提供完整的调试资料和报告。

（二）单机调试

1. 排烟防火阀的调试

1）进行手动关闭、复位试验，阀门动作应灵敏、可靠，关闭应严密。

2）模拟火灾，相应区域火灾报警后，同一防火分区内排烟管道上的其他阀门应联动关闭。

3）阀门关闭后的状态信号应能反馈到消防控制室。

4）阀门关闭后应能联动相应的风机停止。

调试数量：全数调试。

2. 常闭送风口、排烟阀（口）的调试

1）进行手动开启、复位试验，阀门动作应灵敏、可靠，远距离控制机构的脱扣钢丝连接应不松弛、不脱落。

2）模拟火灾，相应区域火灾报警后，同一防火区域内阀门应联动开启。

3）阀门开启后的状态信号应能反馈到消防控制室。

4）阀门开启后应能联动相应的风机启动。

调试数量：全数调试。

3. 活动挡烟垂壁的调试

1）手动操作挡烟垂壁按钮进行开启、复位试验，挡烟垂壁应灵敏、可靠地启动，到位后停止，下降高度符合设计要求。

2）模拟火灾，相应区域火灾报警后，同一防烟分区内挡烟垂壁应在60s以内联动下降到设计高度。

3）挡烟垂壁下降到设计高度后应能将状态信号反馈到消防控制室。

调试数量：全数调试。

4. 自动排烟窗的调试

1）手动操作排烟窗按钮进行开启、关闭试验，排烟窗动作应灵敏、可靠。

2）模拟火灾，相应区域火灾报警后，同一防烟分区内排烟窗应能联动开启；完全开启时间应符合规范要求。

3）与消防控制室联动的排烟窗完全开启后，状态信号应反馈到消防控制室。

调试数量：全数调试。

5. 送风机、排烟风机的调试

1）手动开启风机，风机应正常运转2.0h，叶轮旋转方向应正确、运转平稳、无异常振动与声响。

2）核对风机的铭牌值，并测定风机的风量、风压、电流和电压，其结果应与设计相符。

3）能在消防控制室手动控制风机的启动、停止；风机的启动、停止状态信号应能反馈到消防控制室。

4）当风机进出管上安装单向风阀或者电动风阀时，风阀的启动与关闭应同风机的启动、停止同步。

调试数量：全数调试。

6. 机械加压送风系统风速及余压的调试

1）应选取送风系统末端所对应的送风最不利的三个连续楼层，模拟起火层及其上下层；封闭避难层（间）仅需选取本层。调试送风系统，使上述楼层的楼梯间、前室及封闭避难层（间）的风压值及疏散门的门洞断面风速值与设计值的偏差不大于10%。

2）对楼梯间和前室的调试应单独分别进行，且互不影响。

3）调试楼梯间和前室疏散门的门洞断面风速时，应同时开启三个楼层的疏散门。

调试数量：全数调试。

7. 机械排烟系统风速和风量的调试

1）应根据设计模式，开启排烟风机和相应的排烟阀或排烟口，调试排烟系统，使排烟阀或排烟口处的风速值及排烟量值达到设计要求。

2）开启排烟系统的同时，还应开启补风机和相应的补风口，调试补风系统，使补风口处的风速值及补风量值达到设计要求。

3）应测试每个风口风速，核算每个风口的风量及其排烟分区总风量。

调试数量：全数调试。

（三）系统联动调试

防烟排烟系统联动调试主要包含以下内容。

1. 机械加压送风系统的联动调试

1）当任何一个常闭送风口开启时，相应的送风机均能同时启动。

2）与火灾自动报警系统联动调试。当火灾自动报警探测器发出火警信号后，应在15s内启动有关部位的送风口、送风机，且该送风口、送风机应与设计要求一致，联动启动方式应符合《火灾自动报警系统设计规范》（GB 50116—2013）的规定，其状态信号应反馈到消防控制室。

调试数量：全数调试。

2. 机械排烟系统的联动调试

1）当任何一个常闭排烟阀（口）开启时，排烟风机均能联动启动。

2）与火灾自动报警系统联动调试。当火灾自动报警探测器发出火警信号后，机械排烟系统应启动有关部位的排烟阀或排烟口、排烟风机且该排烟阀或排烟口、排烟风机应与设计和规范要求一致，其状态信号应反馈到消防控制室。

3）有补风要求的机械排烟场所，当火灾确认后，补风系统应启动。

4）若排烟系统与通风、空调系统合用，则当火灾自动报警探测器发出火警信号后，由通风、空调系统转换为排烟系统的时间应符合规范要求。

调试数量：全数调试。

3. 自动排烟窗的联动调试

火灾自动报警探测器发出火警信号后联动开启到符合要求的位置，其动作状态信号应反馈到消防控制室。

调试数量：全数调试。

4. 活动挡烟垂壁的联动调试

在火灾报警后联动下降到设计高度，其动作状态信号应反馈到消防控制室。

调试数量：全数调试。

（四）防烟排烟系统的验收检测

防烟排烟系统施工调试完成后，由建设单位负责组织设计、施工、监理等单位共同进行竣工验收，验收不合格的，不得投入使用。验收内容主要包括资料查验、观感质量检查、现场抽样及功能性测试和验收判定等。查验资料如下。

1）竣工验收申请报告。

2）施工图、设计说明书、设计变更通知书和消防设计审核意见书、竣工图。

3）工程质量事故处理报告。

4）防烟排烟系统施工过程质量检查记录。

5）防烟排烟系统工程质量控制资料检查记录。

评价反馈

对防烟排烟系统调试及检测的评价反馈见表5-3（分小组布置任务）。

表 5-3 对防烟排烟系统调试及检测的评价反馈

序号	检测项目	评价任务及权重	自评	小组互评	教师评价
1	防烟排烟系统电源手动操作的正确性	防烟排烟系统电源手动操作是否正确，1 项不正确扣 5 分（共 20 分）			
2	防烟排烟系统调试阐述的正确性	防烟排烟系统安装检查是否完整，缺 1 项扣 5 分（共 30 分）			
3	高层建筑实地防烟排烟系统检查的完整性	高层建筑实地防烟排烟系统检查是否完整，缺 1 项扣 5 分（共 30 分）			
4	完成时间	规定时间内没完成者，每超过 2min 扣 2 分（共 10 分）			
5	工作纪律和态度	团队协作能力差，不爱护设备和环境，纪律差者，酌情扣 5 ~ 10 分（共 10 分）			
任务总评	优(90 ~ 100)□ 良(80 ~ 90)□ 中(70 ~ 80)□ 合格(60 ~ 70)□ 不合格(小于 60)□				

项目六

火灾自动报警系统安装与调试检测

项目概述

火灾自动报警系统使人们能够及时发现火灾，并采取有效措施，扑灭初期火灾。本项目的主要内容是根据不同场所选择合适的探测器，识别火灾自动报警系统组件，掌握其安装要求，进行接线安装，完成报警控制器总线控制盘和多线控制盘的操作。

教学目标

1. 知识目标

认识火灾自动报警系统的组成及分类，掌握火灾自动报警系统组件的安装调试方法。

2. 技能目标

能够正确选用火灾自动报警系统，以及报警控制器、探测器等设备，并能进行安装。

职业素养提升要点

火灾自动报警系统可以在火灾初期给人员以预警，方便人员及时逃生，保证生命安全。学习好火灾自动报警系统的安装与调试检测，有助于帮助提升建筑智能预警系统的性能，从而为社会安全服务。

任务一　火灾自动报警系统布线及组件安装

任务描述

本任务的主要内容是根据指定火灾场所选择合适的探测器；认识火灾自动报警组件，掌握其安装要求，并进行安装。

任务实施

一、火灾自动报警系统的组成、分类及特点

火灾自动报警系统是指探测火灾早期特征、发出火灾报警信号，为人员疏散、防止火灾蔓延和启动自动灭火设备提供控制与指示的消防系统。

火灾自动报警系统由触发装置、火灾报警装置、电源、联动控制装置组成，如图6-1所示。

火灾自动报警系统按结构形式分为区域报警系统（图6-2）、集中报警系统（图6-3）和控制中心报警系统（图6-4），其特点见表6-1。

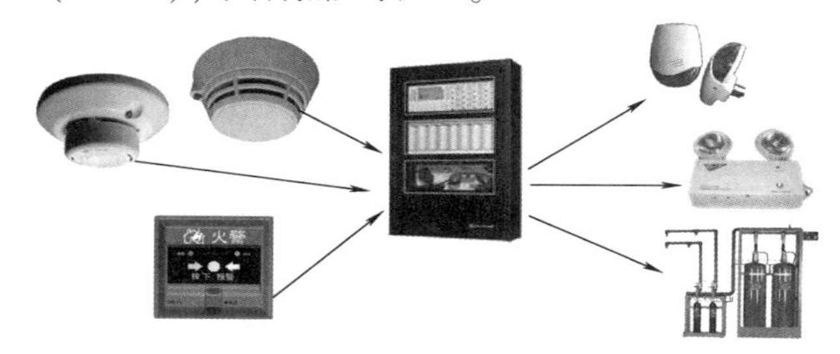

图6-1　火灾自动报警系统组成

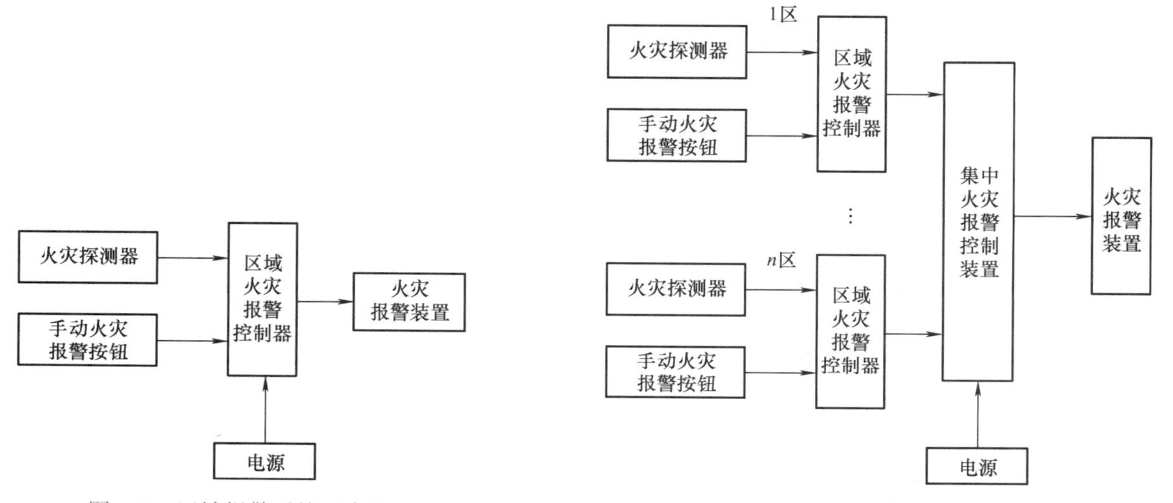

图6-2　区域报警系统示意图

图6-3　集中报警系统示意图

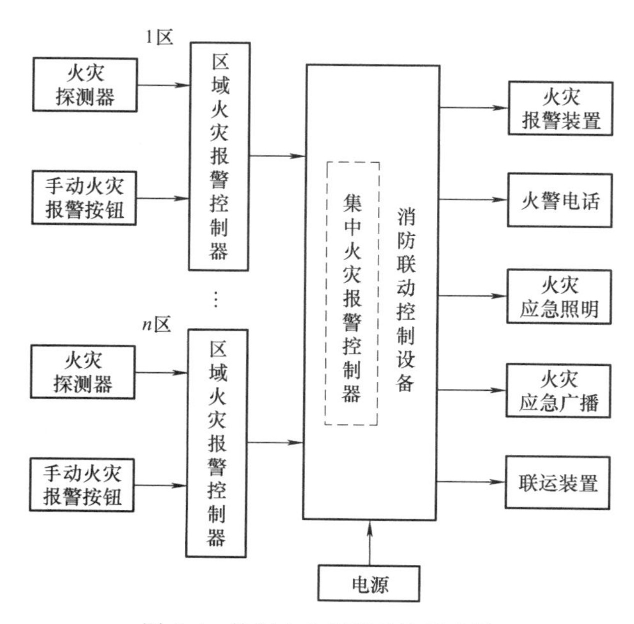

图6-4　控制中心报警系统示意图

表 6-1　火灾自动报警系统分类

系统名称	特点
区域报警系统	仅需要报警，不需要联动自动消防设备的保护对象，应设置在有人值班的场所
集中报警系统	不仅需要报警，而且需要联动自动消防设备。只设置一台具有集中控制功能的火灾报警控制器和消防联动控制器的保护对象，应设置一个消防控制室
控制中心报警系统	设置两个及以上消防控制室的保护对象，或已设置两个及以上集中报警系统的保护对象，应采用控制中心报警系统 有两个及以上消防控制室时，应确定一个主消防控制室

火灾报警和手动启动控制装置的标志见表 6-2。

表 6-2　火灾报警和手动启动控制装置的标志

序号	标志	名称	说明
1		消防手动启动器	指示火灾报警系统或固定灭火系统等的手动启动器
2		发声警报器	可单独用来指示发声警报器，也可与消防手动启动器标志一起使用，指示该手动启动装置是启动发声警报的
3		报警电话	指示在发生火灾时，可用来报警的电话及电话号码

二、组件安装

（一）火灾自动报警系统布线

火灾自动报警系统布线前，应核对设计文件的要求对材料进行检查，导线的种类、电压等级应符合设计文件要求，并按照下列要求进行布线。

1）火灾自动报警系统的布线，应符合《建筑电气工程施工质量验收规范》（GB 50303—2015）的规定。

2）导线在管内或线槽内，不应有接头或扭结。导线的接头，应在接线盒内焊接或用端子连接。从接线盒、线槽等处引到探测器底座、控制设备、扬声器的线路，当采用金属软管保护时，其长度不应大于 2m。敷设在多尘或潮湿场所管路的管口和管道连接处，均应做密封处理。

3）管路超过下列长度时，应在便于接线处装设接线盒：管道长度每超过 30m，无弯曲时；管道长度每超过 20m，有 1 个弯曲时；管道长度每超过 10m，有 2 个弯曲时；管道长度每超过 8m，有 3 个弯曲时。

4）金属管道入盒，盒外侧应套锁母，内侧应装护口；在吊顶内敷设时，盒的内外侧均应套锁母。塑料管入盒应采取相应固定措施。明敷设各类管路和线槽时，应采用单独的卡具吊装或支撑物固定。吊装线槽或管路的吊杆直径不应小于 6mm。

5）线槽敷设时，应在下列部位设置吊点或支点：线槽始端、终端及接头处；距接线盒0.2m处；线槽转角或分支处；直线段不大于3m处。

6）线槽接口应平直、严密，槽盖应齐全、平整、无翘角。并列安装时，槽盖应便于开启。管线经过建筑物的变形缝（包括沉降缝、伸缩缝、抗震缝等）处，应采取补偿措施，导线跨越变形缝的两侧应固定，并留有适当余量。

7）火灾自动报警系统导线敷设后，应用500V兆欧表测量每个回路导线对地的绝缘电阻，且绝缘电阻值不应小于20MΩ。同一工程中的导线，应根据不同用途选择不同颜色加以区分，相同用途的导线颜色应一致。电源线正极应为红色，负极应为蓝色或黑色。

（二）火灾探测器的安装

火灾探测器是指用来响应其附近区域由火灾产生的物理和（或）化学现象的探测器件，其火灾参数有烟雾、温度、火焰、燃烧气体等，如图6-5所示为常见火灾探测器。

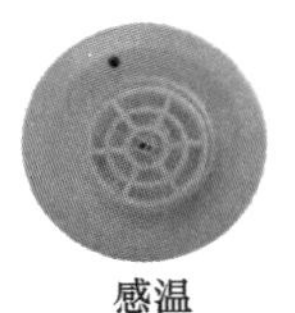

感温

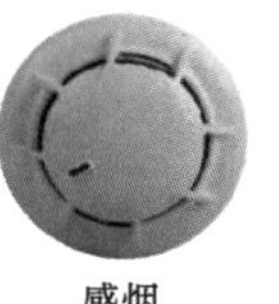

感烟

感光

气体

复合

图6-5　常见火灾探测器

1. 火灾探测器的分类

（1）按结构造型分类　火灾探测器按结构造型不同可分为线型探测器和点型探测器。

① 线型探测器：响应连续线路周围火灾参数的探测器。

② 点型探测器：响应某点周围火灾参数的探测器。

（2）按火灾参数分类　火灾探测器按火灾参数不同可分为感烟探测器、感温探测器、火焰探测器和可燃气体探测器。

（3）按使用环境分类　火灾探测器按使用环境不同可分为陆用型、船用型、耐寒型和耐爆型。

（4）按动作时刻分类　火灾探测器按动作时刻不同可分为延时动作和非延时动作。

（5）按安装方式分类　火灾探测器按安装方式不同可分为外露型和埋入型（隐藏型）。

2. 点型感烟、感温火灾探测器的安装

1）探测区域内的每个房间中至少设置一只火灾探测器。

2）在宽度小于3m的内走道顶棚上设置点型火灾探测器时，火灾探测器宜居中布置。感温火灾探测器的安装间距不应超过10m；感烟火灾探测器的安装间距不应超过15m；探测器至端墙的距离，不应大于探测器安装间距的1/2，建议在走道交汇处装一只探测器。如图6-6所示为探测器安装示意图。

3）点型探测器至墙壁、梁边的水平距离，不应小于0.5m。

4）点型探测器周围0.5m内，不应有遮挡物。

5）房间被书架、设备或隔断等分隔，其顶部至顶棚或梁的距离小于房间净高的5%时，每个被隔开的部分应至少安装一只点型探测器。如图6-7所示为房间有书架、设备时探测器设置图。

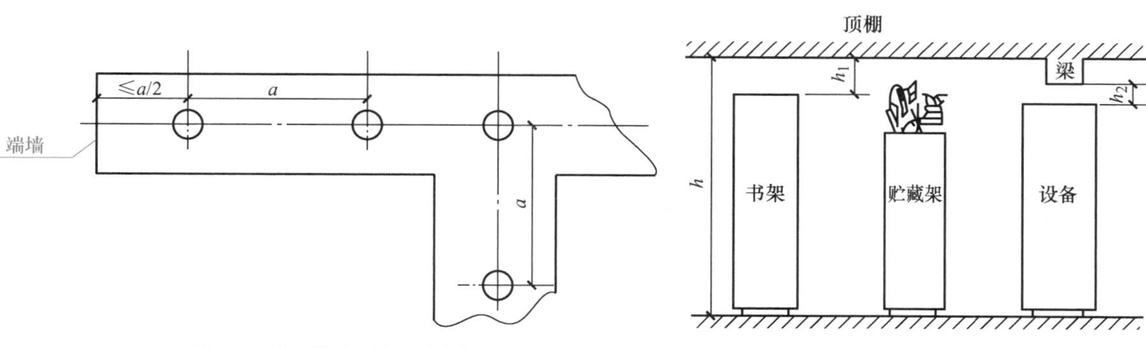

图 6-6 探测器安装示意图

图 6-7 房间有书架、设备时探测器设置图

注：$h_1 \geqslant 5\% h$ 或 $h_2 \geqslant 5\% h$

6）点型探测器至空调送风口边的水平距离不应小于1.5m，并宜接近回风口安装。探测器至多孔送风顶棚孔口的水平距离不应小于0.5m。具体安装示意图如图 6-8 所示。

7）点型探测器宜水平安装，当倾斜安装时，倾斜角不应大于45°；当倾斜角大于45°时，应加木台或类似方法安装探测器。顶棚倾斜时探测器安装示意图如图 6-9 所示。

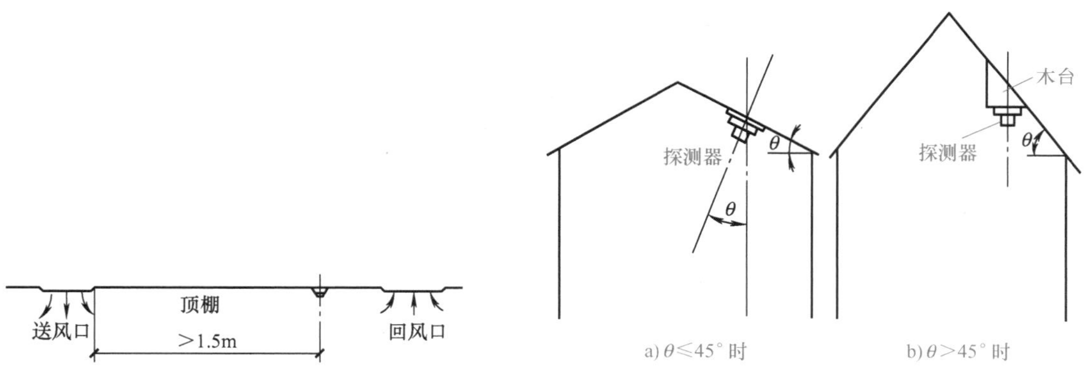

图 6-8 点型探测器至空调送风口的距离

图 6-9 顶棚倾斜时探测器安装示意图

8）在电梯井、升降机井设置点型探测器时，其位置宜在井道上方的机房顶棚上，如图 6-10 所示。

3. 线型光束感烟火灾探测器的安装

1）探测器的光束轴线至顶棚的垂直距离宜为0.3～1.0m，距地高度不宜超过20m。

2）相邻两组探测器的水平距离不应大于14m，探测器至侧墙水平距离不应大于7m，且不应小于0.5m，探测器的发射器和接收器之间的距离不宜超过100m。

3）探测器应设置在固定结构上。

4）探测器的设置应保证其接收端避开日光和人工光源直接照射。

5）选择反射式探测器时，应保证在反射板与探测器间任何部位进行模拟试验时，探测器均

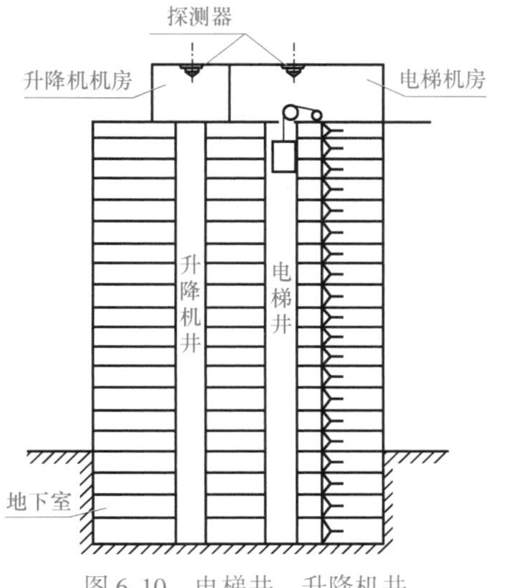

图 6-10 电梯井、升降机井设置点型探测器位置

能正确响应。

4. 缆式线型感温火灾探测器的安装

1）根据设计文件的要求确定探测器的安装位置及敷设方式；探测器应采用专用固定装置固定在保护对象上。

2）探测器应采用连续无接头方式安装；如确需中间接线，必须用专用接线盒连接；探测器安装敷设时不应硬性折弯、扭转，避免重力挤压冲击；探测器的弯曲半径宜大于 0.2m。如图 6-11 所示为电缆桥架探测器安装示意图。

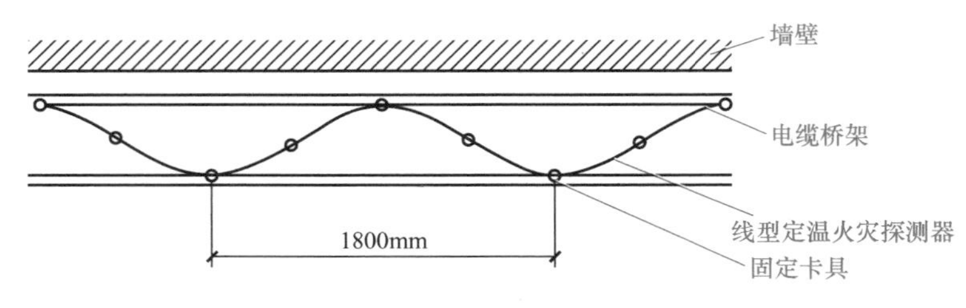

图 6-11　电缆桥架探测器安装示意图

5. 管路采样式吸气感烟火灾探测器的安装

1）非高灵敏型探测器的采样管网安装高度不应超过 16m；采样管网安装高度超过 16m 时，灵敏度可调的探测器应设置为高灵敏度，且应减小采样管长度和采样孔数量。

2）探测器的每个采样孔的保护面积、保护半径，应符合点型感烟火灾探测器的保护面积、保护半径的要求。

3）一个探测单元的采样管总长不宜超过 200m，单管长度不宜超过 100m，同一根采样管不应穿越防火分区。采样孔总数不宜超过 100 个，单管上的采样孔数量不宜超过 25 个。

4）当采样管道采用毛细管布置方式时，毛细管长度不宜超过 4m。

5）吸气管路和采样孔应有明显的火灾探测器标识。

6）有过梁、空间支架的建筑中，采样管路应固定在过梁、空间支架上。

7）当采样管道布置形式为垂直采样时，每 2℃温差间隔或 3m 间隔（取最小者）应设置一个采样孔，采样孔不应背对气流方向。

8）采样管网应按经过确认的设计软件或方法进行设计。

9）探测器的火灾报警信号、故障信号等信息应传给火灾报警控制器，涉及消防联动控制时，探测器的火灾报警信号还应传给消防联动控制器。如图 6-12 所示为管路采样式吸气感烟火灾探测器安装示意图。

6. 火焰探测器和图像型火灾探测器的安装

1）应考虑探测器的探测视角及最大探测距离。

2）探测器的探测视角内不应存在遮挡物。

3）应避免光源直接照射在探测器的探测窗口。

4）单波段的火焰探测器不应设置在平时有阳光、白炽灯等光源直接或间接照射的场所。

5）探测器在室外或交通隧道安装时，应有防尘、防水措施。

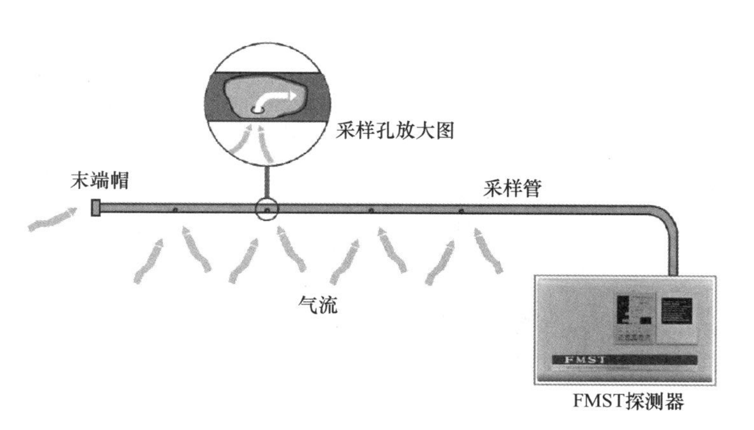

图 6-12 管路采样式吸气感烟火灾探测器安装示意图

7. 可燃气体探测器的安装

1）安装位置应根据探测气体密度确定。若其密度小于空气密度，探测器应位于可能出现泄漏点的上方或探测气体的最高可能聚集点上方；若其密度大于或等于空气密度，探测器应位于可能出现泄漏点的下方。

2）在探测器周围应适当留出更换和标定的空间。

3）线型可燃气体探测器在安装时，应使发射器和接收器的窗口避免日光直射，且在发射器与接收器之间不应有遮挡物。发射器和接收器的距离不宜大于60m，两组探测器之间的轴线距离不应大于14m。

8. 火灾探测器在格栅吊顶场所的设置

1）镂空面积与总面积的比例不大于15%时，探测器应设置在吊顶下方。

2）镂空面积与总面积的比例大于30%时，探测器应设置在吊顶上方。

3）镂空面积与总面积的比例大于15%且小于或等于30%时，探测器的设置部位应根据实际试验结果确定。

4）探测器设置在吊顶上方且火警确认灯无法观察时，应在吊顶下方设置火警确认灯。

5）地铁站台等有活塞风影响的场所，镂空面积与总面积的比例为30%～70%时，探测器宜同时设置在吊顶上方和下方。

9. 探测器底座的安装

1）探测器的底座应安装牢固，与导线连接必须可靠压接或焊接。当采用焊接时，不应使用带腐蚀性的助焊剂。

2）探测器底座的连接导线，应留有不小于150mm的余量，且在其端部应有明显的永久性标志。探测器底座的穿线孔宜封堵，安装完毕的探测器底座应采取保护措施。

（三）手动火灾报警按钮的安装

1. 手动火灾报警按钮的安装间距

每个防火分区应至少设置一只手动火灾报警按钮（图6-13）。从一个防火分区内的任何位置到最邻近的手动火灾报警按钮的步行距离不应大于30m。

图 6-13 手动火灾报警按钮

2. 手动火灾报警按钮的设置部位

1）手动火灾报警按钮宜设置在疏散通道或出入口处。列车上设置的手动火灾报警按钮，应设置在每节车厢的出入口和中间部位。

2）手动火灾报警按钮应设置在明显和便于操作的部位。当安装在墙上时，其底边距地高度宜为 1.3 ~ 1.5m，且应有明显的标志。

（四）火灾报警控制器的安装

火灾报警控制器和消防联动控制器，应设置在消防控制室内或有人值班的房间和场所。

1. 控制类设备的安装

1）采用壁挂方式安装时，其主显示屏高度宜为 1.5 ~ 1.8m，靠近门轴的侧面距墙不应小于 0.5m，正面操作距离不应小于 1.2m。

2）落地安装时，其底边宜高出地（楼）面 0.1 ~ 0.2m。

3）控制器应安装牢固，不应倾斜；安装在轻质墙上时，应采取加固措施。

2. 引入控制器的电缆或导线的安装要求

1）配线应整齐，不宜交叉，并应固定牢靠。

2）电缆芯线和所配导线的端部，均应标明编号，并与图样一致，字迹应清晰且不易褪色。

3）端子板的每个接线端，接线不得超过 2 根，电缆芯和导线，应留有不小于 200mm 的余量并应绑扎成束。

4）导线穿管、线槽后，应将管口、槽口封堵。

3. 控制器的安装要求

1）控制器的主电源应有明显的永久性标志，并应直接与消防电源连接，严禁使用电源插头。控制器与其外接备用电源之间应直接连接。

2）控制器的接地应牢固，并有明显的永久性标志，具体安装如图 6-14 所示。

（五）其他现场部件的安装

1. 总线短路隔离器的安装

系统总线上应设置总线短路隔离器，每只总线短路隔离器保护的火灾探测器、手动火灾

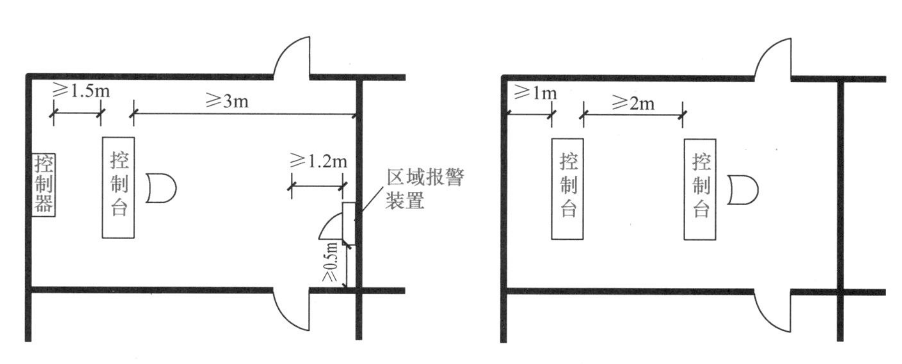

a) 控制器安装平面图

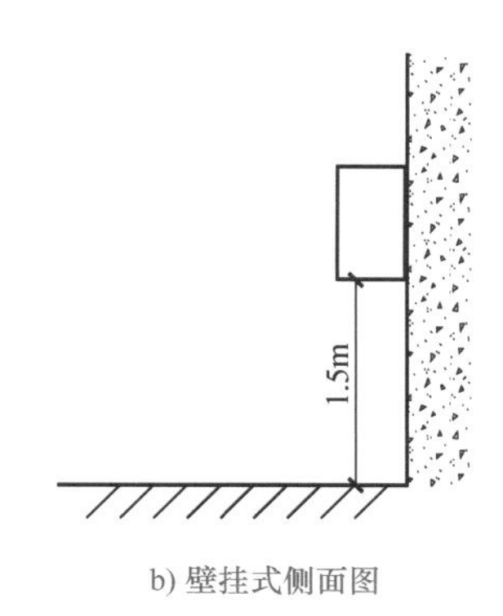

b) 壁挂式侧面图

图 6-14　控制器安装位置图

报警按钮和模块等消防设备的总数不应超过 32 点；总线穿越防火分区时，应在穿越处设置总线短路隔离器。

2. 区域显示器（火灾显示盘）的安装

每个报警区域宜设置一台区域显示器（火灾显示盘）；宾馆、饭店等场所应在每个报警区域设置一台区域显示器。

当一个报警区域包括多个楼层时，宜在每个楼层设置一台仅显示本楼层的区域显示器。

区域显示器应设置在出入口等明显和便于操作的部位。当安装在墙上时，其底边距地面高度宜为 1.3～1.5m。

3. 火灾警报器的设置

火灾声光警报器（图 6-15）应设置在每个楼层的楼梯口、消防电梯前室、建筑内部拐角等处的明显部位，且不宜与安全出口指示标志灯具设置在同一面墙上。

每个报警区域内应均匀设置火灾警报器，其声压级不应小于 60dB；在环境噪声大于 60dB 的场所，其声压级应高于背景噪声 15dB。

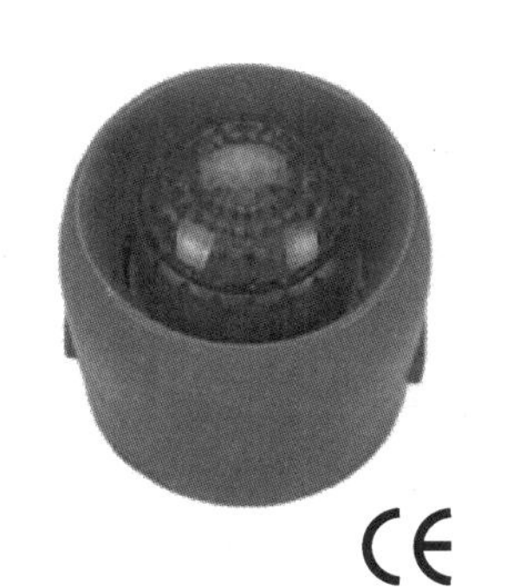

图 6-15　火灾声光警报器

火灾警报器设置在墙上时，其底边距地面高度应大于2.2m。

4. 消防应急广播的设置

民用建筑内，扬声器应设置在走道和大厅等公共场所。每个扬声器的额定功率不应小于3W，其数量应能保证从一个防火分区内的任何部位到最近一个扬声器的直线距离不大于25m，走道末端距最近的扬声器距离不应大于12.5m；在环境噪声大于60dB的场所设置的扬声器，在其播放范围内，最远点的播放声压级应高于背景噪声15dB；客房设置专用扬声器时，其功率不宜小于1.0W。壁挂扬声器的底边距地面高度应大于2.2m。

5. 消防专用电话的设置

消防专用电话网络应为独立的消防通信系统。消防控制室应设置消防专用电话总机。多线制消防专用电话系统中的每个电话分机应与总机单独连接。电话分机或电话插孔的设置，应符合下列规定。

1）消防水泵房、发电机房、变配电室、计算机网络机房、主要通风和空调机房、防烟排烟机房、灭火控制系统操作装置处或控制室、企业消防站、消防值班室、总调度室、消防电梯机房，以及其他与消防联动控制有关且经常有人值班的机房，均应设置消防专用电话分机。消防专用电话分机，应固定安装在明显且便于使用的部位，并应有区别于普通电话的标识。

2）设有手动火灾报警按钮或消火栓按钮等处，宜设置电话插孔，并宜选择带有电话插孔的手动火灾报警按钮。

3）各避难层应每隔20m设置一个消防专用电话分机或电话插孔。

4）电话插孔在墙上安装时，其底边距地面高度宜为1.3~1.5m。

5）消防控制室、消防值班室或企业消防站等处，应设置可直接报警的外线电话。

6. 模块的设置

1）同一报警区域内的模块宜集中安装在金属箱内，不应安装在配电柜（箱）或控制柜（箱）内。

2）模块应独立安装在不燃材料或墙体上，安装牢固，并应采取防潮、防腐蚀等措施。

3）模块的连接导线应留有不小于150mm的余量，其端部应有明显的永久性标识。

4）模块的终端部件应靠近连接部件安装。

5）隐蔽安装时，在安装处附近应设置检修孔和尺寸不小于100mm×100mm的永久性标识。

三、组件编码

1）将控制器、探测器、手动火灾报警按钮、模块、警铃等安装到展板上，用导线正确连接起来，掌握所有设备的安装方法。

2）检查设备连接是否正确，并使用编码器对探测器、手动火灾报警按钮、模块等进行编码。编码完成检查无误后，根据火灾报警控制器开机顺序，先后打开主电开关、备电开关、控制器开关，再按照说明书设置主机，掌握设置方法。

3）测试探测器、手动火灾报警按钮、模块、警铃等是否正常工作。

评价反馈

对火灾自动报警系统布线及组件安装的评价反馈见表6-3（分小组布置任务）。

表6-3　对火灾自动报警系统布线及组件安装的评价反馈

序号	检测项目	评价任务及权重	自评	小组互评	教师评价
1	火灾自动报警系统组件认识的正确性	火灾自动报警系统组件认识是否正确，1项不正确扣5分（共20分）			
2	探测器、手动火灾报警按钮、火灾报警控制器及其他现场部件安装的正确性	探测器、手动火灾报警按钮、火灾报警控制器及其他现场部件的安装是否正确，1项不正确扣5分（共30分）			
3	编码器编码的正确性	编码器编码是否正确，1项不正确扣5分（共30分）			
4	完成时间	规定时间内没完成者，每超过2min扣2分（共10分）			
5	工作纪律和态度	团队协作能力差，不爱护设备和环境，纪律差者，酌情扣5~10分（共10分）			
任务总评	优(90~100)□　良(80~90)□　中(70~80)□　合格(60~70)□　不合格(小于60)□				

任务二　火灾自动报警系统联动调试检测

任务描述

本任务的主要内容是设置报警控制器的控制方式，完成总线控制盘和多线控制盘的操作以及消音、复位自检等操作。

火灾自动报警系统的调试检测

任务实施

一、控制方式设置

1）确定控制器（图6-16）当前控制方式。

2）火灾报警控制器的控制方式更改。

① 先按“启动方式”键，当屏幕上提示输入密码时按“确认”键。

② 手动方式：利用上下键切换光标停留处的控制方式为“允许”或“不允许”。

③ 自动方式：利用“TAB”键从手动方式切换为自动方式，并利用上下键切换为“全部自动”“部分自动”或“不允许”。

④ 控制方式设置完成后，按“确认”键，恢复至正常监视状态。

二、总线制手动消防启动盘（图6-17）操作

1）确保控制器液晶屏下面处于手动允许状态。

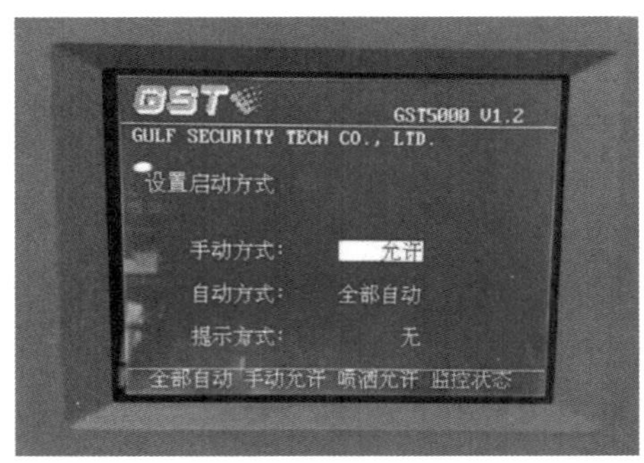

图 6-16　控制器

2）启动：按下对应按钮，启动灯亮。

3）关闭：按下对应按钮，启动灯灭（如果没反应检查液晶屏是否提示输入密码，若提示按“确认”）。

图 6-17　总线制手动消防启动盘

注意：只有启动灯亮，表示正在发出启动命令；启动灯、反馈灯都亮，表示启动成功；启动灯一闪一闪，反馈灯没亮，表示启动失败；只有反馈灯亮，表示现场设备已启动。

三、多线控制盘操作

1）确保多线控制盘（图 6-18）处于手动允许状态。

2）启动：按下对应的设备按钮，启动灯亮。

3）关闭：按下对应的设备按钮，启动灯灭。

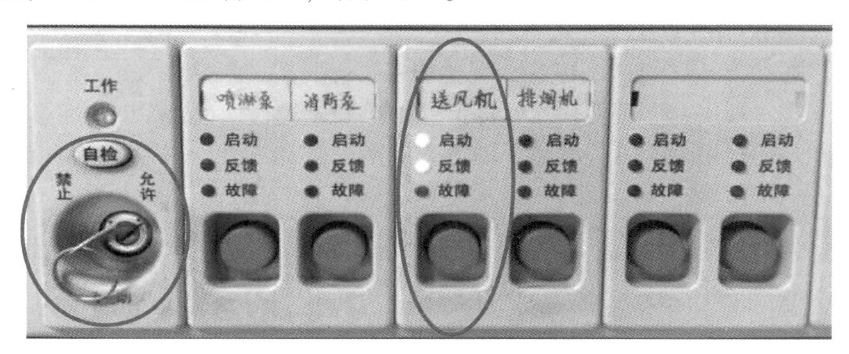

图 6-18　多线控制盘

四、消防应急广播操作

1）确认当前控制方式，更改控制方式至“手动允许”。

2）在总线盘上按下消防广播控制按钮，在启动灯亮起后等待反馈灯亮起。

3）打开广播功放旋钮，调节音量，应急广播分配盘将优先默认播放预先录制的应急疏散电子语音。

4）按下广播分配盘上的“话筒”键；如需输入密码，则输入密码。摘下话筒，按住话筒开始广播，并根据实际需要调节功放音量。

5）广播使用完毕后放回话筒，关闭功放，在总线盘上再次按下广播控制按钮，待启动灯和反馈灯均熄灭后表示广播已停动。消防应急广播操作界面如图 6-19 所示。

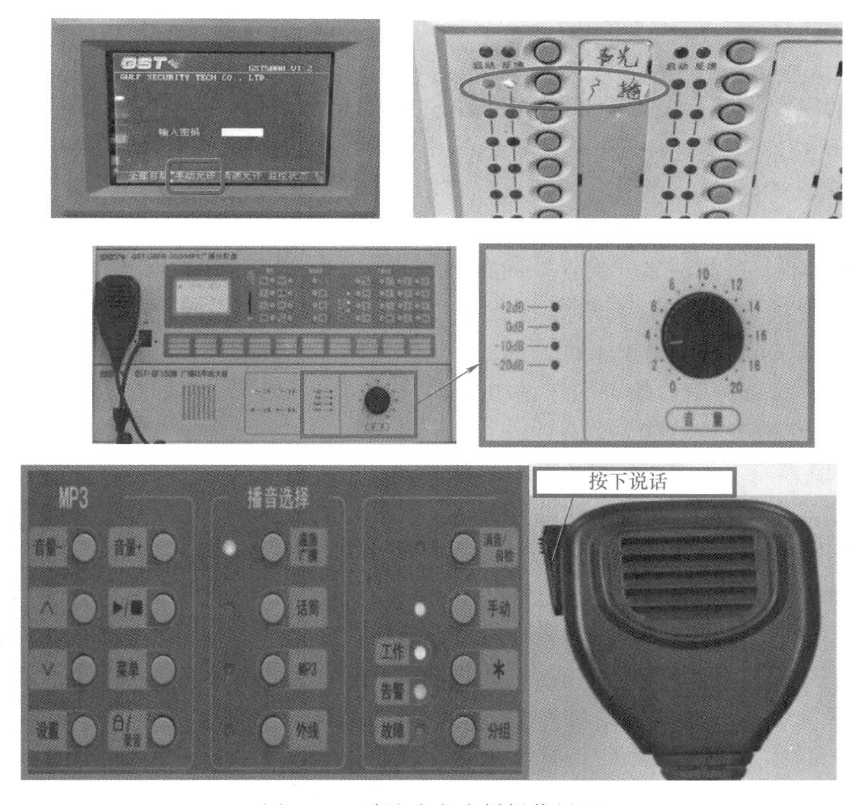

图 6-19　消防应急广播操作界面

五、消音、复位、自检操作

消音可直接按下“消音”键，复位、自检可按下相应的按键，当屏幕上提示输入密码时按“确认”键；自检操作如图 6-20 所示。

六、火灾自动报警系统联动调试

1. 火灾报警控制器及其现场部件调试

调试前应切断火灾报警控制器（图 6-21）的所有外部控制连线，并将任一个总线回路

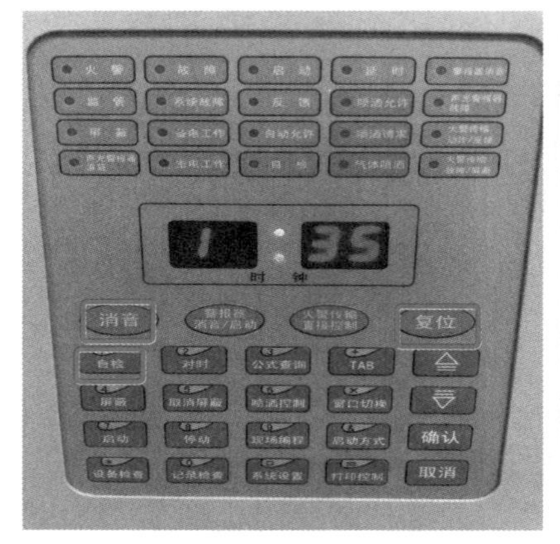

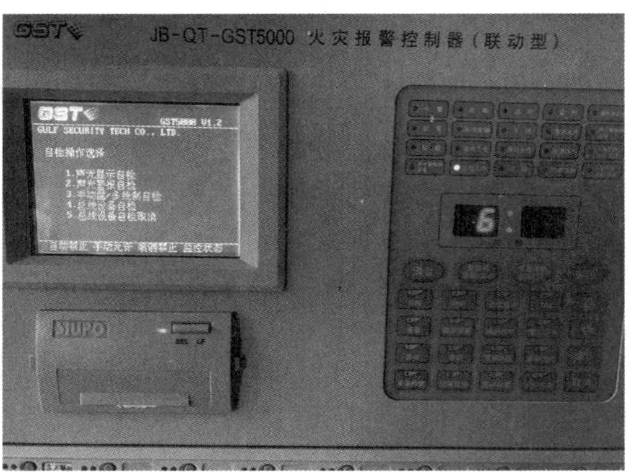

图 6-20　自检操作

的火灾探测器以及手动火灾报警按钮等部件相连接后，接通电源。按国家标准《火灾报警控制器》（GB 4717—2005）的有关要求，采用观察、仪表测量等方法对控制器逐个进行下列功能检查并记录。

1）检查自检功能和操作级别。

2）使控制器与探测器之间的连线断路和短路，控制器应在 100s 内发出故障信号（短路时发出火灾报警信号除外）；在故障状态下，使任一非故障部位的探测器发出火灾报警信号，控制器应在 1min 内发出火灾报警信号，并应记录火灾报警时间；再使其他探测器发出火灾报警信号，检查控制器的再次报警功能。

3）检查消音和复位功能。

4）使控制器与备用电源之间的连线断路和短路，控制器应在 100s 内发出故障信号。

5）检查屏蔽功能。

6）使总线隔离器保护范围内的任一点短路，检查总线隔离器的隔离保护功能。

7）使任一总线回路上不少于 10 只火灾探测器同时处于火灾报警状态，检查控制器的负载功能。

8）检查主、备电源的自动转换功能，并在备电工作状态下重复第 7 项检查。

9）检查控制器特有的其他功能。

10）依次将其他回路与火灾报警控制器相连接，重复检查。

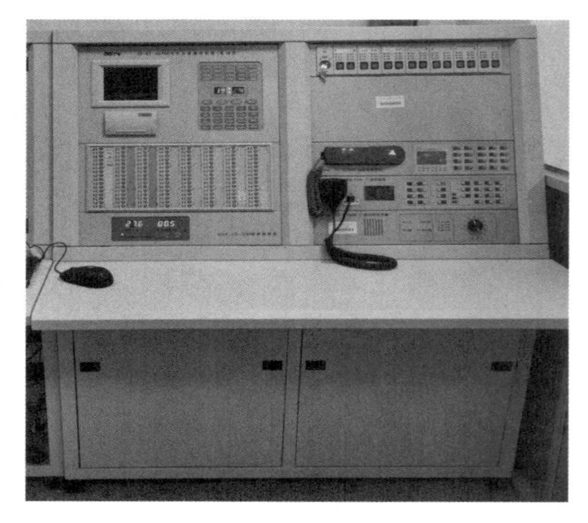

图 6-21　火灾报警控制器

2. 点型感烟、感温火灾探测器

1）采用专用的检测仪器或模拟火灾的方法，逐个检查火灾探测器的报警功能，探测器应能发出火灾报警信号。对于不可恢复的火灾探测器，应采取模拟报警方法逐个检查其报警功能，探测器应能发出火灾报警信号。当有备品时，可抽样检查其报警功能。

2）采用专用的检测仪器、模拟火灾或按下探测器报警测试按键的方法，逐个检查家用火灾探测器的报警功能，探测器应能发出声光报警信号，与其连接的互联型探测器应发出声报警信号。

3. 线型感温火灾探测器

在不可恢复的探测器上模拟火警和故障，逐个检查火灾探测器的火灾报警和故障报警功能，探测器应能分别发出火灾报警和故障信号。可恢复的探测器可采用专用检测仪器或模拟火灾的办法使其发出火灾报警信号，并模拟故障。

4. 线型光束感烟火灾探测器

逐一调整探测器的光路调节装置，使探测器处于正常监视状态，用减光率为0.9dB的减光片遮挡光路，探测器不应发出火灾报警信号；用产品生产企业设定减光率（1.0～10.0dB）的减光片遮挡光路，探测器应发出火灾报警信号；用减光率为11.5dB的减光片遮挡光路，探测器应发出故障信号或火灾报警信号。选择反射式探测器时，在探测器正前方0.5m处按上述要求进行检查，探测器应正确响应。

5. 管路采样式吸气感烟火灾探测器

逐一在采样管最末端（最不利处）采样孔加入试验烟，采用秒表测量探测器的报警响应时间，探测器或其控制装置应在120s内发出火灾报警信号。根据产品说明书，改变探测器的采样管路气流，使探测器处于故障状态，采用秒表测量探测器的报警响应时间，探测器或其控制装置应在100s内发出故障信号。

6. 点型火焰探测器和图像型火灾探测器

采用专用检测仪器或模拟火灾的方法逐一在探测器监视区域内最不利处检查探测器的报警功能，探测器应能正确响应。

7. 手动火灾报警按钮

对可恢复的手动火灾报警按钮，施加适当的推力使报警按钮动作，报警按钮应发出火灾报警信号。对不可恢复的手动火灾报警按钮，应采用模拟动作的方法使报警按钮动作（当有备用启动零件时，可抽样进行动作试验），报警按钮应发出火灾报警信号。

8. 消防联动控制器

消防联动控制器调试时，在接通电源前应按以下顺序做准备工作。

1）将消防联动控制器与火灾报警控制器相连。

2）将消防联动控制器与任一备调回路的输入/输出模块相连。

3）将备调回路模块与其控制的消防电气控制装置相连。

4）切断水泵、风机等各受控现场设备的控制连线。

9. 区域显示器（火灾显示盘）

将区域显示器（火灾显示盘，如图6-22所示）与火灾报警控制器相连接，按《火灾显示盘》（GB 17429—2011）的有关要求，采用观察、仪表测量等方法逐个对区域显示器（火灾显示盘）进行下列功能检查并记录。

1）区域显示器（火灾显示盘）应在3s内正确接收和显示火灾报警控制器发出的火灾报警信号。

2）检查消音、复位功能。

3）检查操作级别。

4）对于非火灾报警控制器供电的区域显示器（火灾显示盘），应检查主、备电源的自动转换功能和故障报警功能。

图 6-22　火灾显示盘

10. 消防专用电话

按《消防联动控制系统》（GB 16806—2006）的有关要求，采用观察、仪表测量等方法逐个对消防专用电话（图 6-23）进行下列功能检查并记录。

1）检查消防电话主机的自检功能。

2）使消防电话总机与消防电话分机或消防电话插孔间连接线断线、短路，消防电话主机应在 100s 内发出故障信号，并显示出故障部位（短路时显示通话状态除外）；故障期间，非故障消防电话分机应能与消防电话总机正常通话。

3）检查消防电话主机的消音和复位功能。

4）在消防控制室与所有消防专用电话、电话插孔之间互相呼叫与通话；总机应能显示每部分机或电话插孔的位置，呼叫音和通话语音应清晰。

5）消防控制室的外线电话与另外一部外线电话模拟报警电话通话，语音应清晰。

6）检查消防电话主机的群呼、录音、记录和显示等功能，各项功能均应符合要求。

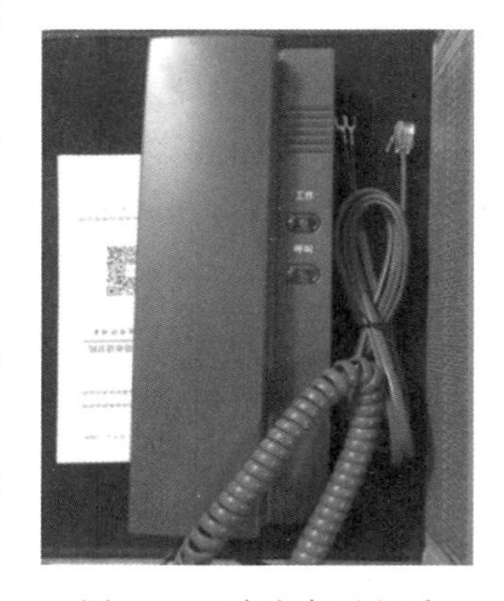

图 6-23　消防专用电话

11. 消防应急广播

1）按《消防联动控制系统》（GB 16806—2006）的有关要求，采用观察、仪表测量等方法逐个对消防应急广播进行下列功能检查并记录。

① 检查消防应急广播控制设备的自检功能。

② 使消防应急广播控制设备与扬声器间的广播信息传输线路断路、短路，消防应急广播控制设备应在 100s 内发出故障信号，并显示出故障部位。

③ 将所有共用扬声器强行切换至应急广播状态，对扩音机进行全负荷试验，应急广播的语音应清晰，声压级应满足要求。

④ 检查消防应急广播控制设备的监听、显示、预设广播信息、通过传声器广播及录音功能。

⑤ 检查消防应急广播控制设备的主、备电源的自动转换功能。

2）每条回路任意抽取一个扬声器，使其处于断路状态，其他扬声器的工作状态不应受影响。

12. 火灾声光警报器

逐一将火灾声光警报器与火灾报警控制器相连，接通电源。操作火灾报警控制器，使火灾声光警报器启动，采用仪表测量其声压级，非住宅内使用室内型和室外型火灾声警报器的声信号至少在一个方向上3m处的声压级（A计权）应不小于75dB，且在任意方向上3m处的声压级（A计权）应不大于120dB。具有两种及两种以上不同音调的火灾声警报器，其每种音调应有明显区别。火灾光警报器的光信号在100～500lx环境光线下，25m处应清晰可见。

13. 传输设备（火灾报警传输设备或用户信息传输装置）

将传输设备与火灾报警控制器相连，接通电源。按《消防联动控制系统》（GB 16806—2006）的有关要求，采用观察、仪表测量等方法逐个对传输设备进行下列功能检查并记录，传输设备应满足标准要求。

1）检查自检功能。

2）切断传输设备与监控中心间的通信线路（或信道），传输设备应在100s内发出故障信号。

3）检查消音和复位功能。

4）检查火灾报警信息的接收与传输功能。

5）检查监管报警信息的接收与传输功能。

6）检查故障报警信息的接收与传输功能。

7）检查屏蔽信息的接收与传输功能。

8）检查手动报警功能。

9）检查主、备电源的自动转换功能。

七、火灾自动报警系统检测

（一）现场检测情况

（1）火灾探测器和手动报警按钮

1）实际安装数量在100只以下者，抽验20只（每个回路都应抽验）。

2）实际安装数量超过100只时，每个回路按实际安装数量的10%～20%比例抽验，但抽验总数不应少于20只。

3）被检查的火灾探测器的类别、型号、适用场所、安装高度、保护半径、保护面积和探测器的间距等均应符合设计要求，无故障。

（2）试验主机监管装置及屏蔽设备功能　符合要求，无故障。

（3）声光警报器　联动测试或单点测试时，观察声光报警按钮是否正常闪光和声响，逐一进行检测检查，符合要求。无故障点位。

（4）报警控制器

1）核对系统点位（注册点数、正常点数、异常点数）。

2）试验火警报警、故障报警、火警优先、打印机打印、自检、消音等功能，功能完好。

3）试验火灾显示盘和阴极射线显像管（CRT 显示器）的报警、显示功能。

（二）系统工程质量检测判定标准

根据各项目对系统工程质量影响严重程度的不同，应将检测、验收的项目划分为 A、B、C 三个类别，具体见《火灾自动报警系统施工及验收标准》（GB 50166—2019）。

系统内的设备及配件的规格型号与设计不符，无国家相关证书和检验报告；系统内的任一控制器和火灾探测器无法发出报警信号，无法实现要求的联动功能，定为 A 类不合格。检测前提供资料不符合相关要求的定为 B 类不合格。其余不合格项均为 C 类不合格。系统检测合格判定标准：A＝0，B≤2 且 B＋C≤检查项的 5% 为合格，否则为不合格。各项检测、验收项目中有不合格的，应修复或更换，并应进行复验。复验时，对有抽验比例要求的，应加倍检验。

评价反馈

对火灾自动报警系统联动调试及检测的评价反馈见表 6-4（分小组布置任务）。

表 6-4　对火灾自动报警系统联动调试及检测的评价反馈

序号	检测项目	评价任务及权重	自评	小组互评	教师评价
1	控制器控制方式、总线控制盘及多线控制盘操作的正确性	控制器控制方式、总线控制盘及多线控制盘操作是否正确，1 项不正确扣 5 分（共 20 分）			
2	消防应急广播、消音、复位、自检操作的正确性	消防应急广播、消音、复位、自检操作是否正确，1 项不正确扣 5 分（共 20 分）			
3	火灾自动报警系统调试的正确性	火灾自动报警系统调试是否正确，1 项不正确扣 5 分（共 20 分）			
4	火灾自动报警系统检测项目、子项及判定标准阐述的正确性	火灾自动报警系统检测项目、子项及判定标准阐述是否正确，1 项不正确扣 5 分（共 20 分）			
5	完成时间	规定时间内没完成者，每超过 2min 扣 2 分（共 10 分）			
6	工作纪律和态度	团队协作能力差，不爱护设备和环境，纪律差者，酌情扣 5～10 分（共 10 分）			
任务总评	优(90～100)□　良(80～90)□　中(70～80)□　合格(60～70)□　不合格(小于 60)□				

项目七

消防应急照明和疏散指示系统安装与调试检测

项目概述

本项目的主要内容是通过图样识别应急照明和疏散指示标志，检查校园建筑消防应急照明及疏散指示标志。

教学目标

1. 知识目标

认识消防应急照明和疏散指示系统的组成，掌握消防应急照明和疏散指示系统附件的安装调试方法。

2. 技能目标

能够正确选用消防应急灯具、应急广播系统、应急疏散系统附件，并能进行安装。

职业素养提升要点

消防应急照明及疏散是建筑火灾时保证生命安全的一项重要技术，掌握其安装与调试检测内容，为建筑消防安全、生命安全保驾护航。

任务一　消防应急照明和疏散指示系统的安装

任务描述

本任务的主要内容是掌握应急照明和疏散指示的分类及安装要求，根据规范检查校园建筑楼道的消防应急照明设施和疏散指示标志，填写检查表。

任务实施

一、消防应急照明和疏散指示系统的组成及安装

（一）安全疏散设施

安全疏散设施包括疏散楼梯和楼梯间（图7-1）、疏散走道（图7-2）和安全出口

（图 7-3）等。疏散指示标志见表 7-1。

图 7-1　疏散楼梯和楼梯间

图 7-2　疏散走道

图 7-3　安全出口

表 7-1　疏散指示标志

序号	标志	名称	说明
1		紧急出口	指示在发生火灾等紧急情况下，可使用的一切出口。在远离紧急出口的地方，应与疏散通道方向标志联用，以指示到达出口的方向
2		滑动开门	指示装有滑动门的紧急出口。箭头指示该门的开启方向
3		推开	本标志置于门上，指示门的开启方向
4		拉开	本标志置于门上，指示门的开启方向
5		击碎板面	必须击碎玻璃板才能拿到钥匙或拿到开门工具；必须击开板面才能制造一个出口
6		禁止阻塞	表示阻塞（疏散途径或通向灭火设备的道路等）会导致危险
7		禁止锁闭	表示紧急出口、房门等禁止封闭

发生火灾时，为防止触电和通过电气设备、线路扩大火势，起火部位及其所在防火分区的电源需要切断。此时，为保证人员的安全疏散和火灾扑救人员的正常工作，减小疏散通道骤然变暗和烟气扩散减光对人员带来的影响而设置的具有一定照明度的光源，称为应急照明，如图 7-4 所示。

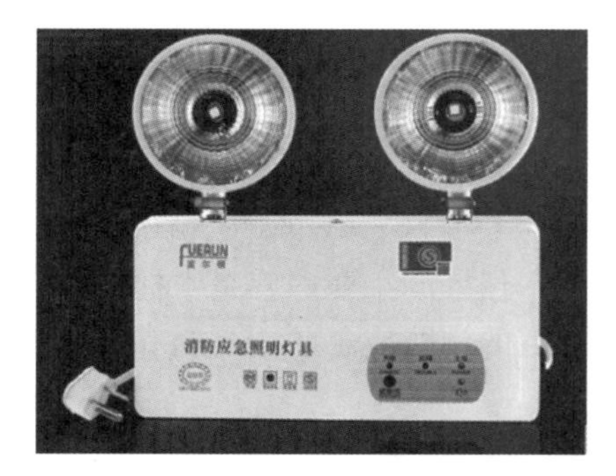

图 7-4　应急照明灯

（二）消防应急照明和疏散指示系统的设置要求

1）单层、多层公共建筑，乙、丙类高层厂房，人防工程，高层民用建筑的下列部位应设火灾应急照明。

① 封闭楼梯间、防烟楼梯间及其前室、消防电梯及其前室、合用前室和避难层（间）。

② 配电室、消防控制室、消防水泵房、防烟排烟机房、供消防用电的蓄电池室、自备发电机房、电话总机房及发生火灾时仍需坚持工作的其他房间。

③ 观众厅、展览厅、多功能厅、餐厅、商场营业厅、演播室等人员密集的场所。

④ 人员密集且建筑面积超过 300m^{2}的地下室。

⑤ 公共建筑内的疏散走道和居住建筑内长度超过 20m 的内走道。

2）公共建筑、人防工程和高层民用建筑的下列部位应设灯光疏散指示标志。

① 除二类居住建筑外，高层建筑的疏散走道和安全出口处。

② 影剧院、体育馆、多功能礼堂、医院的病房楼等的疏散走道和疏散门。

③ 人防工程的疏散走道及其交叉口、拐弯处、安全出口处。

（三）消防应急照明相关设备安装要求

1. 应急照明控制器、集中电源、应急照明配电箱安装

1）应急照明控制器、集中电源、应急照明配电箱的安装应符合下列规定。

① 应安装牢固，不得倾斜。

② 在轻质墙上采用壁挂方式安装时，应采取加固措施。

③ 落地安装时，其底边宜高出地（楼）面 100～200mm。

④ 设备在电气竖井内安装时，应采用下出口进线方式。

⑤ 设备接地应牢固，并应设置明显标识。

2）应急照明控制器主电源应设置明显的永久性标识，并应直接与消防电源连接，严禁使用电源插头；应急照明控制器与其外接备用电源之间应直接连接。

3）集中电源的前部和后部应适当留出更换蓄电池（组）的作业空间。

4）应急照明控制器、集中电源和应急照明配电箱的接线要求与火灾报警控制器的接线要求一致，此处不再赘述。

2. 应急照明灯安装

1）外脱及安装质量外壳、灯罩应选用不燃材料制造。安装应牢固、无遮挡，状态指示灯应正常。

2）应急转换功能检测。正常交流电源供电切断后，应顺利转入应急工作状态，转换时间不应大于 5s，连续转换照明状态 10 次均应正常。

3）应急工作时间及充、放电功能。超过 100m 的高层建筑，应急工作时间应不小于 30min，其他建筑应不小于 20min。灯具电池放电终止电压应不低于额定电压的 85%，并应有过充电、过放电保护。

4）应急照明灯应固定安装在不燃性墙体或不燃性装修材料上，不应安装在门、窗或其他可移动的物体上。

5）应急照明灯安装后不应对人员正常通行产生影响，灯具周围应无遮挡物，并应保证灯具上的各种状态指示灯易于观察。

6）应急照明灯在顶棚、疏散走道或通道的上方安装时，应符合下列规定。

① 照明灯可采用嵌顶、吸顶和吊装式安装。

② 标志灯可采用吸顶和吊装式安装；室内高度大于 3.5m 的场所，特大型、大型、中型标志灯宜采用吊装式安装。

③ 灯具采用吊装式安装时，应采用金属吊杆或吊链，吊杆或吊链上端应固定在建筑构件上。

7）灯具在侧面墙、柱上安装时，应符合下列规定。

① 可采用壁挂式或嵌入式安装。

② 安装高度距地面不大于1m时，灯具表面凸出墙面或柱面的部分不应有尖锐角、毛刺等凸出物，凸出墙面或柱面最大水平距离不应超过20mm。

8）非集中控制型系统中，自带电源型灯具采用插头连接时，应采用专用工具方可拆卸。

3. 标志灯安装

标志灯的标志面宜与疏散方向垂直。

（1）出口标志灯的安装　出口标志灯的安装应符合下列规定。

1）出口标志灯应安装在安全出口或疏散门内侧上方居中的位置；当受安装条件限制，标志灯无法安装在门框上侧时，可安装在门的两侧，但门完全开启时标志灯不能被遮挡。

2）室内高度不大于3.5m的场所，标志灯底边与门框距离不应大于200mm；室内高度大于3.5m的场所，特大型、大型、中型标志灯底边距地面高度不宜小于3m，且不宜大于6m。

3）采用吸顶或吊装式安装时，标志灯距安全出口或疏散门所在墙面的距离不宜大于50mm。

（2）方向标志灯的安装　方向标志灯的安装应符合下列规定。

1）标志灯的箭头指示方向应与疏散指示方向一致。

2）安装在疏散走道、通道两侧的墙面或柱面上时，标志灯底边距地面的高度应小于1m。

3）安装在疏散走道、通道上方时，应符合下列规定。

① 室内高度不大于3.5m的场所，标志灯底边距地面的高度宜为2.2～2.5m。

② 室内高度大于3.5m的场所，特大型、大型、中型标志灯底边距地面高度不宜小于3m，且不宜大于6m。

③ 当安装在疏散走道、通道转角处的上方或两侧时，标志灯与转角处边墙的距离不应大于1m。

④ 当安全出口或疏散门在疏散走道侧边时，疏散走道增设的方向标志灯应安装在疏散走道顶部，且标志灯的标志面应与疏散方向垂直，箭头应指向安全出口或疏散门。

⑤ 当安装在疏散走道、通道的地面上时，应符合下列规定。

a. 标志灯应安装在疏散走道、通道的中心位置。

b. 标志灯的所有金属构件应采用耐腐蚀构件或做防腐处理，标志灯配电、通信线路的连接应采用密封胶密封。

c. 标志灯表面应与地面平行，高于地面距离不应大于3mm，标志灯边缘与地面的垂直距离不应大于1mm。

（3）楼层标志灯的安装　楼层标志灯应安装在楼梯间内朝向楼梯的正面墙上，标志灯底边距地面的高度宜为2.2～2.5m。

（四）应急照明灯照度要求

1）高层、多层建筑的疏散用应急照明，其地面照度不应低于0.5lx。

2）地下建筑、人防工程的疏散用应急照明，其照度值不应低于5.0lx。

3）人员密集场所内的地面水平照度不应低于1.0lx。

4）楼梯间内的地面水平照度不应低于5.0lx。

5）消防控制室、消防水泵房、自备发电机房、配电室、防烟排烟机房以及发生火灾时仍需正常工作的其他房间的应急照明，仍应保证正常照明的照度。

（五）疏散指示标志安装要求

1）安装应牢固，不应有明显松动，无遮挡，疏散方向的指示应正确清晰。

2）疏散指示标志应正确指示疏散口；奔跑方向与箭头指示方向应一致；图形、文字与尺寸应规范。

二、安全疏散指示标志和应急灯检查

1. 测试前操作

1）切断正常供电电源。

2）选择照度计测试位置。

2. 测试时操作

1）打开照度计电源。

2）打开光检测器盖子，并将光检测器水平放在测量位置。

3）选择适合测量的档位。

4）当显示数据比较稳定时，按下“HOLD”键，锁定数据并读取数据。

评价反馈

对消防应急照明和疏散指示系统设置及安装的评价反馈见表7-2（分小组布置任务）。

表7-2　对消防应急照明和疏散指示系统设置及安装的评价反馈

序号	检测项目	评价任务及权重	自评	小组互评	教师评价
1	应急照明及疏散指示系统认识的正确性	应急照明及疏散指示系统认识是否正确，1项不正确扣5分（共20分）			
2	应急照明及疏散指示安装阐述的正确性	应急照明及疏散指示的安装是否正确，1项不正确扣5分（共30分）			
3	应急照明及疏散指示检查的完整性	应急照明及疏散指示检查是否完整，缺1项扣5分（共30分）			
4	完成时间	规定时间内没完成者，每超过5min扣5分（共10分）			
5	工作纪律和态度	团队协作能力差，不爱护设备和环境，纪律差者，酌情扣5～10分（共10分）			
任务总评	优(90～100)□　良(80～90)□　中(70～80)□　合格(60～70)□　不合格(小于60)□				

任务二 消防应急照明和疏散指示系统调试检测

任务描述

本任务的主要内容是认识疏散指示标志，对消防应急照明设施进行调试检测。

任务实施

一、消防应急设施的调试

1. 调试准备

1）系统调试前，应按设计文件的规定，对系统部件的规格、型号、数量、备品备件等进行查验。

2）集中控制型系统调试前，应对灯具、集中电源或应急照明配电箱进行地址设置及注释，并应符合下列规定。

① 应对应急照明控制器配接的灯具、集中电源或应急照明配电箱进行地址编码，每一台灯具、集中电源或应急照明配电箱应对应一个独立的识别地址。

② 应对应急照明控制器配接的灯具、集中电源或应急照明配电箱进行地址注册，并录入地址注释信息。

3）集中控制型系统调试前，应对应急照明控制器进行控制逻辑编程，并应符合下列规定。

① 应按照系统控制逻辑设计文件的规定，进行系统自动应急启动、相关标志灯改变指示状态控制逻辑编程，并录入应急照明控制器中。

② 应按规定填写应急照明控制器控制逻辑编程记录。

③ 系统中的应急照明控制器、集中电源和应急照明配电箱应分别进行单机通电检查。

2. 调试过程及要求

（1）消防应急标志灯具和消防应急照明灯具的调试

1）采用目测的方法检查消防应急标志灯具安装位置和标志信息上的箭头指示方向是否与实际疏散方向相符。

2）在黑暗条件下，使照明灯具转入应急状态，用照度计测量地面的最低水平照度，该照度值应符合设计要求。

3）操作试验按钮或其他试验装置，消防应急灯具应转入应急工作状态。

4）断开连续充电 24h 的消防应急灯具电源，使消防应急灯具转入应急工作状态，同时用秒表开始计时；消防应急灯具主电指示灯应处于非点亮状态，应急工作时间应不小于本身标示的应急工作时间。

5）使顺序闪亮形成导向光流的标志灯具转入应急工作状态，目测其光流导向应与设计的疏散方向相同。

6）使有语音指示的标志灯具转入应急工作状态，其语音应与设计相符。

7）逐个切断各区域应急照明配电箱或应急照明集中电源的分配电装置，该配电箱或分配电装置供电的消防应急灯具应在5s内转入应急工作状态。

8）受火灾自动报警系统控制的消防应急照明和疏散指示系统，输入联动控制信号，系统内的消防应急灯具应在5s内转入与联动控制信号相对应的工作状态，并应发出联动反馈信号；对于设计有手动控制功能的系统，操作手动控制机构，使系统转入应急工作状态，相应的消防应急灯具应在5s内转入应急工作状态。

（2）应急照明集中电源的调试

1）分别操作集中电源，使其处于主电工作和应急工作状态下，观察应急照明集中电源的主电压、电池电压、输出电压和输出电流，主电显示灯和充电显示灯状态应与生产企业的说明书相符。

2）操作手动应急转换控制机构，观察应急照明集中电源和该电源供电的所有消防应急灯具转入应急工作状态的情况。

3）断开主电源，应急照明集中电源和该电源供电的所有消防应急灯具均应转入应急工作状态，应急工作时间应不小于本身标示的应急工作时间。

（3）应急照明控制器的调试

1）操作控制功能，应急照明控制器应能控制任何消防应急灯具从主电工作状态转入应急工作状态，并应有相应的状态指示和消防应急灯具转入应急状态的时间。

2）检查应急照明控制器的防止非专业人员操作的功能。

3）断开任一消防应急灯具与应急照明控制器间的连线，应急照明控制器应发出声光故障信号，并显示故障部位。故障存在期间，操作应急照明控制器，应能控制与此故障无关的消防应急灯具转入应急工作状态。

4）断开应急照明控制器的主电源，使应急照明控制器由主电工作状态转为备电工作状态，应急照明控制器在备电工作时各种控制功能应不受影响，备电工作时间不小于应急照明持续时间的3倍，且不小于2h。

5）关闭应急照明控制器的主程序，系统内的消防应急灯具应能按设计的联动逻辑转入应急工作状态。

二、消防应急照明和疏散指示系统检测验收

系统竣工后，建设单位应负责组织施工、设计、监理等单位进行系统验收，验收不合格不得投入使用。系统的检测、验收应按表7-3所列的检测和验收对象、项目及数量进行。验收时，应对施工单位提供的下列资料进行齐全性和符合性检查，并按规定填写记录：竣工验收申请报告、设计变更通知书、竣工图；工程质量事故处理报告；施工现场质量管理检查记录；系统安装过程质量检查记录；系统部件的现场设置情况记录；系统控制逻辑编程记录；系统调试记录；系统部件的检验报告、合格证明材料。

根据各项目对系统工程质量影响程度的不同，将检测、验收的项目划分为A、B、C三个类别。

1. A类项目

1）系统中的应急照明控制器、集中电源、应急照明配电箱和灯具的选型与设计文件的符合性。

表 7-3　系统工程技术检测和验收对象、项目及数量

序号	检测、验收对象		检测、验收项目	检测数量	验收数量
1	文件资料		齐全性、符合性	全数	全数
2	系统形式和功能选择	集中控制型	符合性	全数	全数
		非集中控制型			
3	系统线路设计	灯具配电线路设计	符合性	全部防火分区、楼层、隧道区间、地铁站台和站厅	建（构）筑物中含有5个及5个以下防火分区、楼层、隧道区间、地铁站台和站厅的，应全部检验；超过5个防火分区、楼层、隧道区间、地铁站台和站厅的，应按实际区域数量20%的比例抽检，但抽检数量不小于5个
		集中控制型系统的通信线路设计			
4	布线		线路的防护方式	实际安装数量	与抽查防火分区、楼层、隧道区间、地铁站台和站厅相关的所有设备
			槽盒、管路安装质量		
			系统线路选型		
			电线电缆敷设质量		
5	灯具	照明灯、标志灯	设备选型		
			消防产品准入制度		
			设备设置		
			安装质量		
6	供配电设备	集中电源、应急照明配电箱	设备选型		
			消防产品准入制度		
			设备设置		
			设备供配电		
			安装质量		
			基本功能		

（续）

序号	检测、验收对象		检测、验收项目	检测数量	验收数量
7	集中控制型系统	应急照明控制器	应急照明控制器设计	实际安装数量	与抽查防火分区、楼层、隧道区间、地铁站台和站厅相关的所有设备
			设备选型		
			消防产品准入制度		
			设备设置		
			设备供电		
			安装质量		
			基本功能		
		系统功能	1. 非火灾状态下的系统功能 （1）系统正常工作模式 （2）系统主电源断电控制功能 （3）系统正常照明电源断电控制功能 2. 火灾状态下的系统功能 （1）系统自动应急启动功能 （2）系统手动应急启动功能 ① 照明灯设置部位地面的最低水平照度。 ② 系统在蓄电池电源供电状态下的应急工作时间	全部防火分区、楼层、隧道区间、地铁站台和站厅	建（构）筑物中含有5个及5个以下防火分区、楼层、隧道区间、地铁站台和站厅的，应全部检验；超过5个防火分区、楼层、隧道区间、地铁站台和站厅的，应按实际区域数量20%的比例抽检，但抽检数量不小于5个

（续）

序号	检测、验收对象		检测、验收项目	检测数量	验收数量
8	非集中控制型系统	未设置火灾自动报警系统的场所	1. 非火灾状态下的系统功能 （1）系统正常工作模式 （2）灯具的感应点亮功能 2. 火灾状态下的系统应急启动功能 （1）照明灯设置部位地面的最低水平照度 （2）系统在蓄电池电源供电状态下的应急工作时间	全部防火分区、楼层、隧道区间、地铁站台和站厅	建（构）筑物中含有5个及5个以下防火分区、楼层、隧道区间、地铁站台和站厅的，应全部检验；超过5个防火分区、楼层、隧道区间、地铁站台和站厅的，应按实际区域数量20%的比例抽检，但抽检数量不小于5个
		设置区域火灾自动报警系统的场所	1. 非火灾状态下的系统功能 （1）系统正常工作模式 （2）灯具的感应点亮功能 2. 火灾状态下的系统应急启动功能 （1）系统自动应急启动功能 （2）系统手动应急启动功能 （3）照明灯设置部位地面的最低水平照度 （4）灯具在蓄电池电源供电状态下的应急工作时间		
9	系统备用照明		系统功能	全数	全数

2）系统中的应急照明控制器、集中电源、应急照明配电箱和灯具消防产品准入制度的符合性。

3）应急照明控制器的应急启动、标志灯指示状态改变控制功能。

4）集中电源、应急照明配电箱的应急启动功能。

5）集中电源、应急照明配电箱的连锁控制功能。

6）灯具应急状态的保持功能。

7）集中电源、应急照明配电箱的电源分配输出功能。

2. B类项目

1）标准规定资料的齐全性、符合性。

2）系统在蓄电池电源供电状态下的持续应急工作时间。

3. C类项目

除上述项目之外的其余项目均为C类项目。

4. 系统检测、验收结果判定标准

1）A类项目不合格数量应为0；B类项目不合格数量应小于或等于2；B类项目不合格数量加上C类项目不合格数量应小于或等于检查项目数量的5%时，系统检测、验收结果为合格。

2）不符合第1）条标准的，系统检测、验收结果均为不合格。

评价反馈

对消防应急照明和疏散指示系统调试及检测的评价反馈见表7-4（分小组布置任务）。

表7-4 对消防应急照明和疏散指示系统调试及检测的评价反馈

序号	检测项目	评价任务及权重	自评	小组互评	教师评价
1	应急照明调试的正确性	应急照明调试是否正确，1项不正确扣5分（共20分）			
2	安全疏散指示系统调试的正确性	安全疏散指示系统调试是否正确，1项不正确扣5分（共30分）			
3	应急照明及疏散指示系统检测项目、子项及判定标准阐述的正确性	应急照明及疏散指示系统检测项目、子项及判定标准阐述是否正确，1项不正确扣5分（共30分）			
4	完成时间	规定时间内没完成者，每超过5min扣5分（共10分）			
5	工作纪律和态度	团队协作能力差，不爱护设备和环境，纪律差者，酌情扣5～10分（共10分）			
任务总评	优(90～100)□　良(80～90)□　中(70～80)□　合格(60～70)□　不合格(小于60)□				

项目八

防火分隔设施安装与调试检测

项目概述

本项目的主要内容是认识建筑防火分隔设施的外形，掌握防火分隔设施的组件、作用及工作原理，完成防火阀、防火卷帘的测试及自检。

教学目标

1. 知识目标

认识防火分隔设施的分类，掌握防火分隔设施的安装及调试检测要求。

2. 技能目标

能够正确选用防火分隔设施并进行安装。

职业素养提升要点

防火分隔设施能在火灾发生时，有效阻隔烟气、火情的肆意蔓延。防火分隔设施的设置，应符合《建筑设计防火规范》（2018 年版）（GB 50016—2014）等规范的要求。防火分隔设施的安装与调试检测，应确保不遗漏一道工序，培养一丝不苟的工作态度。

任务一　防火分隔设施安装

任务描述

本任务的主要内容是认识建筑防火分隔设施的组件及其作用，根据图样阐述防火卷帘控制原理，进行防火阀的测试及操作。

任务实施

一、防火分隔设施分类与安装

1. 防火墙

防火墙是指采用耐火极限不低于 3h 的非燃烧性材料砌筑在独立的建筑物基础上或钢筋

混凝土框架上的墙。防火墙用于划分防火分区，是防止建筑间火灾蔓延的重要分隔构件，能在火灾初期和灭火过程中，将火灾有效限制在一定空间内，对于减小火灾损失具有重要作用。防火墙有内防火墙、外防火墙和室外独立墙几种类型。防火墙的设置部位和构造应符合以下要求。

1）防火墙应直接设置在建筑物的基础或钢筋混凝土框架上，梁等承重结构的耐火极限不低于防火墙的耐火极限，防火墙的设置构造如图8-1所示。

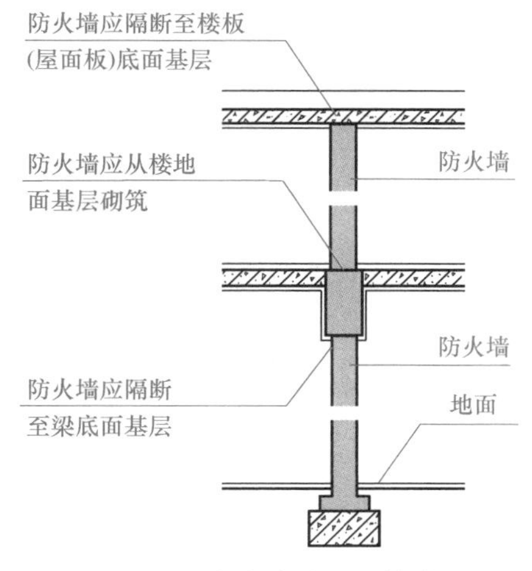

图8-1　防火墙的设置构造

防火墙应从楼地面基层隔断至梁、楼板或屋面板的底面基层。当高层厂房（仓库）屋顶承重结构和屋面板的耐火极限低于1h，其他建筑屋顶承重结构和屋面板的耐火极限低于0.5h时，防火墙应高出屋面0.5m以上。

2）防火墙横截面中心线与天窗端面的水平距离小于4.0m，且天窗端面为可燃性墙体时，应采取防止火势蔓延的措施。

3）建筑外墙为难燃性或可燃性墙体时，防火墙应凸出墙的外表面0.4m以上，且防火墙两侧的外墙均应为宽度不小于2.0m的不燃性墙体，其耐火极限不应低于外墙的耐火极限。

建筑外墙为不燃性墙体时，防火墙可不凸出墙的外表面，紧靠防火墙两侧的门、窗、洞口之间最近边缘的水平距离不应小于2.0m；采取设置乙级防火窗等防止火灾水平蔓延的措施时，该距离不限。

4）建筑内的防火墙不宜设置在转角处；确需设置时，内转角两侧墙上的门、窗、洞口之间最近边缘的水平距离不应小于4.0m；采取设置乙级防火窗等防止火灾水平蔓延的措施时，该距离不限。

5）防火墙上不应开设门、窗、洞口；确需开设时，应设置不可开启或火灾时能自动关闭的甲级防火门、窗。

6）防火墙的构造应能在防火墙任意一侧的屋架、梁、楼板等受到火灾的影响而破坏时，不会导致防火墙倒塌。

2. 防火门

防火门（图8-2）是指设置在防火分区间、疏散楼梯间、垂直竖井等处，在一定时间内，连同框架能满足耐火稳定性、完整性和隔热性要求的门。

（1）防火门的组成及分类　防火门通常由门框、门扇、填充隔热材料、门扇骨架、防火锁具、防火合页、防火玻璃、防火五金件、闭门器、顺序器、防火门释放器等组成。闭门器的作用是使防火门正常关闭。顺序器的作用是使防火门按顺序关闭。释放器的作用是接收到火灾信号后自动释放防火门。防火门的分类方法主要有以下五种。

1）防火门按门扇数量可分为：单扇防火门、双扇防火门、多扇防火门（含有两个以上门扇的防火门）。

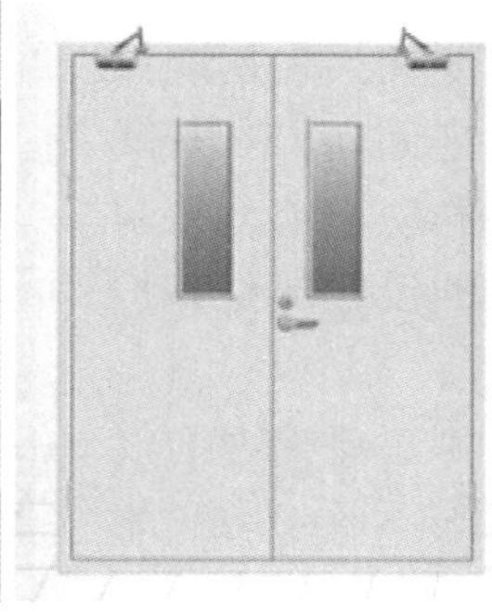

图 8-2　防火门

2）防火门按其结构形式可分为：门扇上带防火玻璃的防火门、带亮窗的防火门、带玻璃带亮窗的防火门、无玻璃防火门。

3）防火门按其耐火性能可分为：隔热防火门（A 类）、部分隔热防火门（B 类）、非隔热防火门（C 类），其中 A 类防火门又根据其耐火极限划分为甲级、乙级、丙级。

4）防火门按其材质可分为：钢质防火门、木质防火门、钢木质防火门、其他材质防火门。

5）防火门按其开闭状态可分为：常开防火门、常闭防火门。

常开防火门平时在防火门释放器的作用下处于开启状态；火灾时，防火门释放器自动释放，防火门在闭门器和顺序器的作用下关闭。

常闭防火门平时在闭门器的作用下处于关闭状态，火灾时能起到阻止火势及烟气蔓延的作用。

防火门的部分组成及分类如图 8-3 所示。

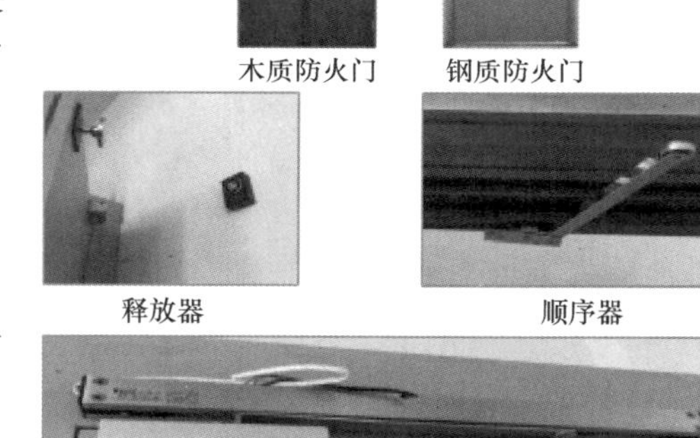

图 8-3　防火门的部分组成及分类

（2）防火门的自检

1）检查防火门的释放器是否灵敏。

2）查看防火门关闭时，是否按顺序进行关闭的。

3）检查防火门关闭后是否密闭。

4）分别触发两个相关的火灾探测器，查看相应电动防火门的关闭效果及反馈信号。

3. 防火窗

1）防火窗的定义。防火窗是指用钢窗框、钢窗扇、防火玻璃组成的，符合耐火完整性和隔热性等要求的防火分隔物，能起到隔离和阻止火势蔓延的作用。防火窗可分为甲、乙、丙三个等级，甲级窗的耐火极限不低于 1.5h，乙级窗的耐火极限不低于 1h，丙级窗的耐火极限不低于 0.5h。

2）防火窗的分类。防火窗按照安装方法可分为固定窗扇与活动窗扇两种。固定窗扇防火窗不能开启，平时可以采光、遮挡风雨，发生火灾时可以阻止火势蔓延；活动窗扇防火窗能够开启和关闭，起火时可以自动关闭、阻止火势蔓延，开启后可以排除烟气，平时还可以采光和通风。为了使防火窗的窗扇能够开启和关闭，需要安装自动和手动开关装置。

防火窗的耐火极限与防火门相同。设置在防火墙、防火隔墙上的防火窗应采用不可开启的窗扇或具有火灾时能自行关闭的功能。

常见的防火窗是无可开启窗扇的固定式防火窗和有可开启窗扇且装配有窗扇启闭控制装置的活动式防火窗。

3）防火窗的外观。防火窗的表面应平整、光洁，无明显凹痕或机械损伤。在其明显部位设置永久性标牌，标明产品名称、型号、规格、耐火性能及商标、生产单位（制造商）名称和厂址、出厂日期及产品生产批号、执行标准等，内容清晰，设置牢靠。活动式防火窗应装配火灾时能控制窗扇自动关闭的温控释放装置。

4）防火窗的安装质量。有密封要求的防火窗，窗框密封槽内镶嵌的防火密封件应牢固、完好。钢质防火窗窗框内充填水泥砂浆，窗框与墙体采用预埋钢件或膨胀螺栓等连接牢固，固定点间距不宜大于600mm。活动式防火窗窗扇启闭控制装置的安装位置明显，便于操作。

5）防火窗的控制功能。防火窗的控制功能检查，主要检查活动式防火窗的控制功能、联动功能、消防控制室手动功能和温控释放功能。

4. 防火卷帘

（1）防火卷帘的定义与分类　防火卷帘是在一定时间内，连同框架能满足耐火稳定性和完整性要求的卷帘，由帘板、卷轴、电动机、导轨、支架、防护罩和控制机构等组成，它可以有效阻止火势从门、窗、洞口蔓延。根据材质不同，防火卷帘可分为以下几种。

① 钢质防火卷帘：指用钢质材料做帘板、导轨、座板、门楣、箱体等，并配以卷门机和控制箱所组成的能符合耐火完整性要求的卷帘。

② 无机纤维复合防火卷帘：指用无机纤维材料做帘面，用钢质材料做夹板、导轨、座板、门楣、箱体等，并配以卷门机和控制箱所组成的能符合耐火完整性要求的卷帘。

③ 特级防火卷帘：指用钢质材料或无机纤维材料做帘面，用钢质材料做导轨、座板、夹板、门楣、箱体等，并配以卷门机和控制箱所组成的能符合耐火完整性、隔热性和防烟性能要求的卷帘。

（2）防火卷帘的安装

1）防火卷帘的安装部位。防火卷帘常见的安装部位有自动扶梯周围、与中庭相连通的过厅和通道等处（图8-4），防火卷帘下方不得有影响其下降的障碍物，具体位置须对照建筑平面图进行检查。目前，在建筑中大量采用大面积、大跨度的防火卷帘替代防火墙进行水平防火分隔的做法存在较大消防安全隐患，因此，对设置在中庭以外的防火卷帘，应检查其设置宽度。当防火分隔部位的宽度不大于30m时，防火卷帘的宽度不大于10m；当防火分隔部位的宽度大于30m时，防火卷帘的宽度不宜大于该部位宽度的1/3，且不应大于20m。

2）防火卷帘的选型。当防火卷帘的耐火极限符合耐火完整性和耐火隔热性的判定条件时，可不设置自动喷水灭火系统保护；当防火卷帘的耐火极限仅符合《门和卷帘的耐火试验方法》（GB/T 7633—2008）的需求时，应设置自动喷水灭火系统保护。防火卷帘的类型应根据具体设置位置选择，一般不宜选用侧式防火卷帘。

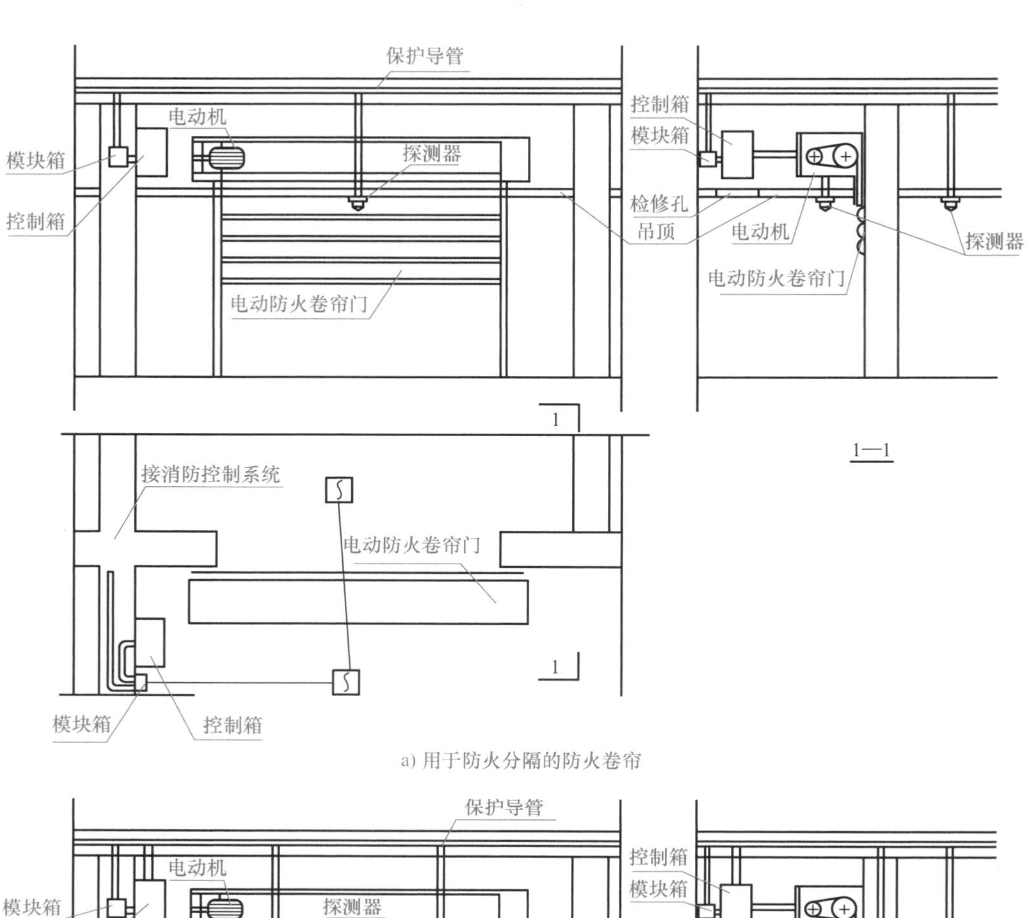

a) 用于防火分隔的防火卷帘

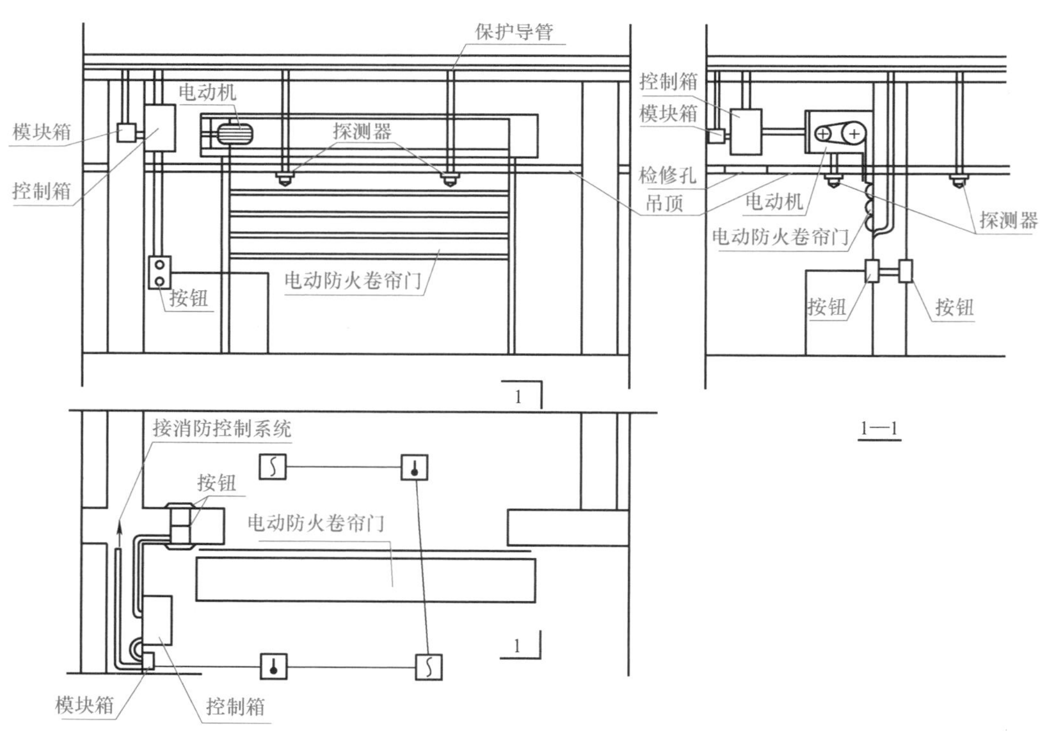

b) 用于疏散通道上的防火卷帘

图 8-4　电动防火卷帘安装图

3）防火卷帘的外观。防火卷帘的帘面平整、光洁，金属零部件的表面无裂纹、压坑及明显的凹痕或机械损伤。每樘防火卷帘及配套的卷门机、控制器、手动按钮盒、温控释放装置均应在其明显部位设置永久性标牌，标明产品名称、型号、规格、耐火性能及商标、生产单位（制造商）名称、厂址、出厂日期、产品编码或生产批号、执行标准等，且内容清晰，设置牢靠。

4）防火卷帘的安装质量。

① 防火卷帘的组件应齐全完好，安装符合设计和产品说明书的要求，紧固件无松动现象。

② 门扇各接缝处、导轨、卷筒等缝隙，应有防火防烟密封措施，防止烟火窜入。

③ 防火卷帘上部、周围的缝隙采用不低于防火卷帘耐火极限的不燃烧材料填充、封隔。

④ 防火卷帘的控制器和手动按钮盒应分别安装在防火卷帘内外两侧的墙壁便于识别的位置，底边距地面高度宜为1.3～1.5m，并标出上升、下降、停止等功能。

⑤ 防火卷帘与火灾自动报警系统联动时，需同时检查防火卷帘的两侧是否安装手动控制按钮、火灾探测器组及其警报装置。

5）防火卷帘的系统功能。防火卷帘的系统功能主要包括防火卷帘控制器的火灾报警功能、自动控制功能、手动控制功能、故障报警功能、速放控制功能、备用电源功能；防火卷帘用卷门机的手动操作功能、电动启闭功能、自重下降功能、自动限位功能；防火卷帘的运行平稳性、电动启闭运行速度、运行噪声等功能。

5. 防火阀

（1）防火阀的定义　防火阀是在一定时间内满足耐火稳定性和耐火完整性的要求，安装在通风空调系统的送、回风管路上，平时呈开启状态，火灾情况下，管道内气体温度达到70℃时关闭，起隔烟阻火作用的阀门。空调通风管道一旦窜入烟火，就会导致火灾大范围蔓延。因此，在风道贯通防火分区的部位（防火墙）必须设置防火阀。

（2）防火阀的种类　防火阀按其功能可分为：排烟阀、排烟防火阀、防火调节阀、防烟防火调节阀等多种类型。

1）防火调节阀。防火调节阀安装在有防火要求的通风空调系统管道上，防止火势沿风道蔓延，它的功能有：温度熔断器在70℃时熔断，使阀门关闭；输出阀门关闭信号，使通风空调系统风机停机；无级调节风量。

2）防烟防火调节阀。防烟防火调节阀安装在有防烟防火要求的通风空调系统管道上，防止烟火蔓延，它的功能有：感烟（温）电信号联动使阀门关闭，通风空调系统风机停机；手动使阀门关闭，风机停机；温度熔断器在70℃时熔断使阀门关闭；输出阀门关闭信号；按90°五等分有级调节风量。

（3）防火阀的外观　防火阀的外观应完好无损，机械部分外表无锈蚀、变形或机械损伤。在其明显部位应设置耐久性铭牌，标明产品名称、型号规格、耐火性能及商标、生产单位（制造商）名称和厂址、出厂日期及产品生产批号、执行标准等，内容清晰，设置牢靠。

(4) 防火阀的安装

1) 安装要求如下。

① 防火阀可与通风机、排烟风机联锁。

② 阀门的操作机构一侧应有不小于200mm 的净空间，以利于检修。

③ 安装阀门前，必须检查阀门的操作机构是否完好，动作是否灵活有效。

④ 防火阀应安装在紧靠墙或楼板的风管管段中，防火分区隔墙两侧的防火阀距墙表面不应大于200mm，防火阀两侧各2.0m 范围内的管道及其绝热材料应采用不燃材料。

⑤ 防火阀应单独设支吊架，以防止发生火灾时管道变形，影响其性能。

⑥ 防火阀的熔断片应装在朝向火灾危险性较大的一侧。

2) 防火阀的安装部位。

① 穿越防火分区处。

② 穿越通风、空气调节机房的隔墙和楼板处。

③ 穿越重要或火灾危险性大的房间隔墙和楼板处。

④ 穿越防火分隔处的变形缝两侧。

⑤ 竖向风管与每层水平风管交接处的水平管段上；但当建筑内每个防火分区的通风空调系统均独立设置时，水平风管与竖向总管的交接处可不设置防火阀。

⑥ 公共建筑的浴室、卫生间和厨房的竖向排风管，应采取防止回流措施或在支管上设置公称动作温度为70℃ 的防火阀。公共建筑内厨房的排油烟管道宜按防火分区设置，且在与竖向排风管连接的支管处应设置公称动作温度为150℃的防火阀。

二、防火门、防火卷帘控制

(一) 防火门联动控制

防火门由门框、门扇、门锁及闭门器等组成，如图8-5所示。

1. 防火门系统的联动控制

防火门系统的联动控制设计，应符合下列规定。

1) 应采用常开防火门所在防火分区内的两只独立的火灾探测器或一只火灾探测器与一只手动火灾报警按钮的报警信号，作为常开防火门关闭的联动触发信号。联动触发信号应由火灾报警控制器或消防联动控制器发出，并应由消防联动控制器或防火门监控器联动控制防火门关闭。

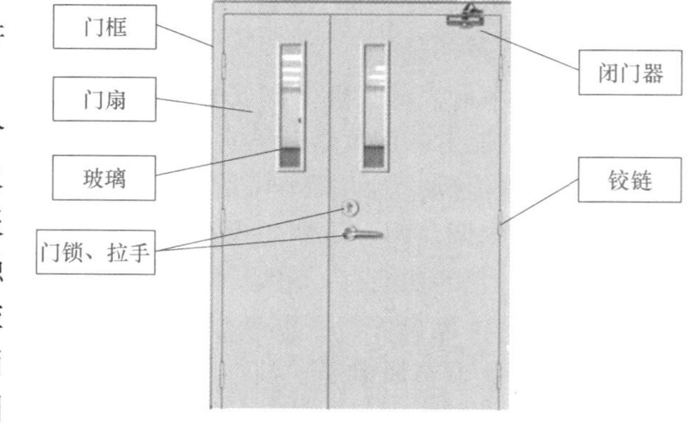

图8-5 防火门示意图

2) 疏散通道上各防火门的开启、关闭及故障状态信号应反馈至防火门监控器。

2. 电动防火门的控制要求

1) 重点保护建筑中的电动防火门应在现场自动关闭，不宜在消防控制室集中控制。

2）防火门两侧应设专用的感烟探测器组成控制电路。

3）防火门宜选用平时不耗电的释放器，且宜暗设。

4）防火门关闭后，应有关闭信号反馈到区控盘或消防中心控制室。

（二）防火卷帘联动控制

1. 防火卷帘工作原理

防火卷帘的控制线路端子有：上位反馈端子、下位反馈端子、报警反馈端子、火灾探测器端子、按钮盒接线端子等。防火卷帘控制箱配置有后备电源，在断电情况下仍可以与消防主机进行联动和反馈；如果380V控制线路断电，则无法控制卷帘门动作。防火卷帘上安装有感烟和感温探测器，当感烟探测器动作时，卷帘门自动下降一半，用于阻挡烟雾蔓延；当感温探测器动作时，则自动全降，用于防止火势蔓延。每个防火卷帘必须和消防主机连接，可在消防主机上操作防火卷帘下降和反馈卷帘门的动作信息。防火卷帘联动控制示意图如图8-6所示。

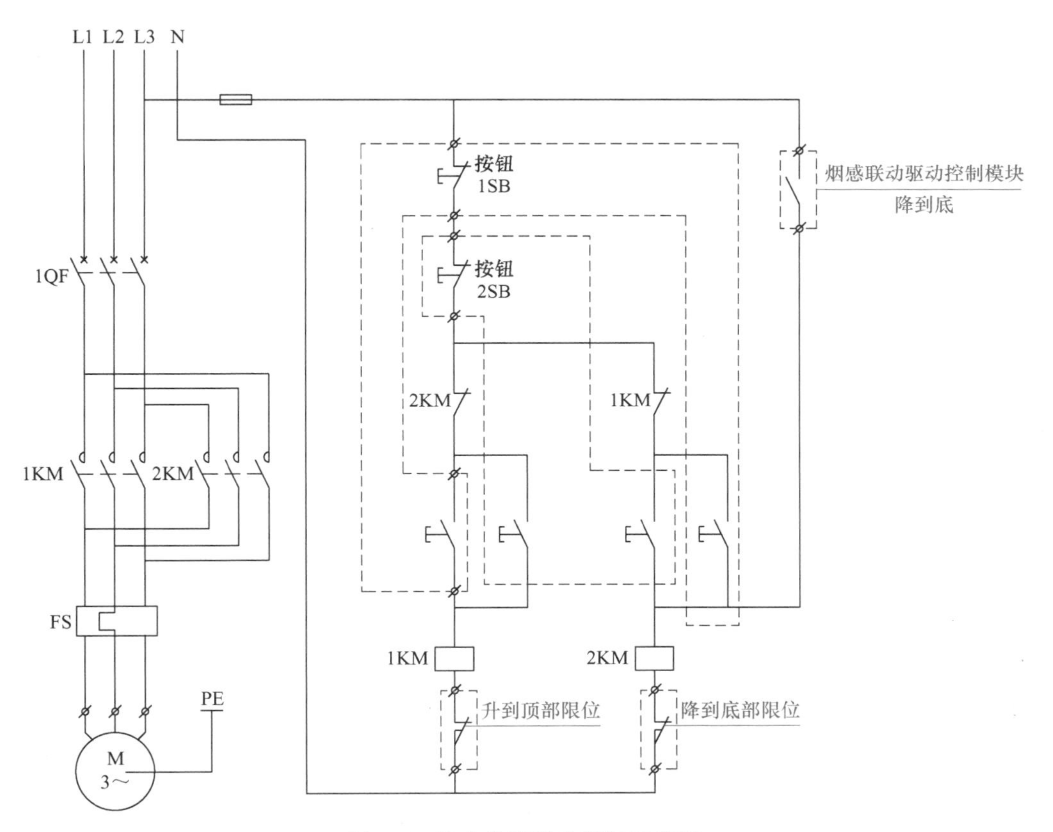

图8-6　防火卷帘联动控制示意图

2. 防火卷帘联动控制与电路分析

用于防火分隔的防火卷帘发生火灾时，应采取一次下落到底的控制方式，而疏散通道的防火卷帘应采取两次下落控制方式。

1）疏散通道上设置的防火卷帘，应符合下列规定。

① 联动控制方式，防火分区内任两只独立的感烟火灾探测器或任一只专门用于联动防火卷帘的感烟火灾探测器，其报警信号应联动控制防火卷帘下降至距楼板面 1.8m 处；任一

只专门用于联动防火卷帘的感温火灾探测器，其报警信号应联动控制防火卷帘下降到楼板面；在卷帘的任一侧距卷帘纵深 0.5～5m 内应设置不少于两只专门用于联动防火卷帘的感温火灾探测器。

② 手动控制方式，应由防火卷帘两侧设置的手动控制按钮控制防火卷帘的升降。

2）非疏散通道上设置的防火卷帘，应符合下列规定。

① 联动控制方式，应将防火卷帘所在防火分区内任两只独立的火灾探测器的报警信号，作为防火卷帘下降的联动触发信号，由防火卷帘控制器联动控制防火卷帘直接下降到楼板面。

② 手动控制方式，应由防火卷帘两侧设置的手动控制按钮控制防火卷帘的升降，并应能在消防控制室内的消防联动控制器上手动控制防火卷帘的降落。

防火卷帘下降至距楼板面 1.8m 处、下降到楼板面的动作信号和防火卷帘控制器直接连接的感烟、感温火灾探测器的报警信号，应反馈至消防联动控制器。

图 8-7 为二步降防火卷帘的控制程序，图 8-8 为防火卷帘控制电路。

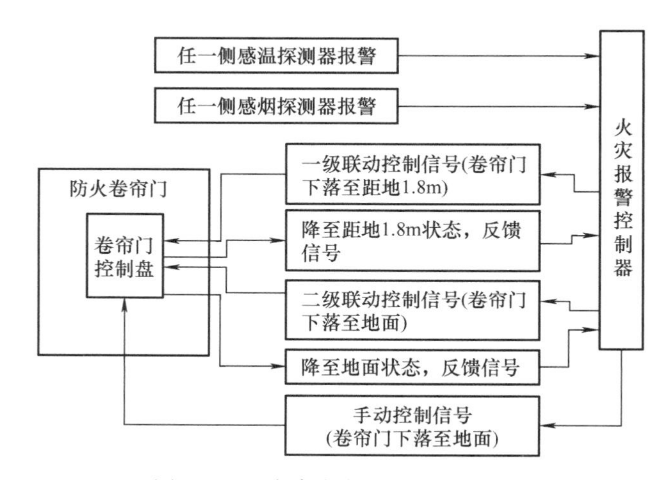

图 8-7　二步降防火卷帘控制程序图

3）正常时卷帘卷起，且用电锁锁住；当发生火灾时，卷帘门分两步下放，具体过程如下。

① 当火灾初期产生烟雾时，来自消防中心的联动信号（感烟探测器报警所致）使触点 1KA（在消防中心控制器上的继电器，因感烟报警而动作）闭合；中间继电器 KA1 线圈通电动作，使信号灯 HL 亮，发出报警信号；电警笛 HA 响，发出声报警信号；$KA1_{1-2}$ 触头闭合，给消防中心一个卷帘启动的信号（即 $KA1_{1-2}$ 触头与消防信号灯相接）；将开关 QS1 的常开触头短接，全部电路通以直流电；电磁铁 YA 线圈通电，打开锁头，为卷帘门下降做准备；中间继电器 KA5 线圈通电，将接触器 KM2 线圈接通，KM2 触头动作，门电机反转卷帘下降；当卷帘下降到距地 1.8m 时，位置开关 SQ2 受碰撞动作，使 KA5 线圈失电，KM2 线圈失电；门电机停，卷帘停止下放（现场中常称为中停），这样既可隔断火灾初期的烟，又有利于灭火和人员逃生。

② 当火势增大，温度上升时，消防中心的联动信号接点 2KA（安在消防中心控制器上且与感温探测器联动）闭合，使中间继电器 KA2 线圈通电，其触头动作，使时间继电器 KT 线圈通电；经延时 30s 后其触点闭合，使 KA5 线圈通电，KM2 又重新通电，门电机又反转，

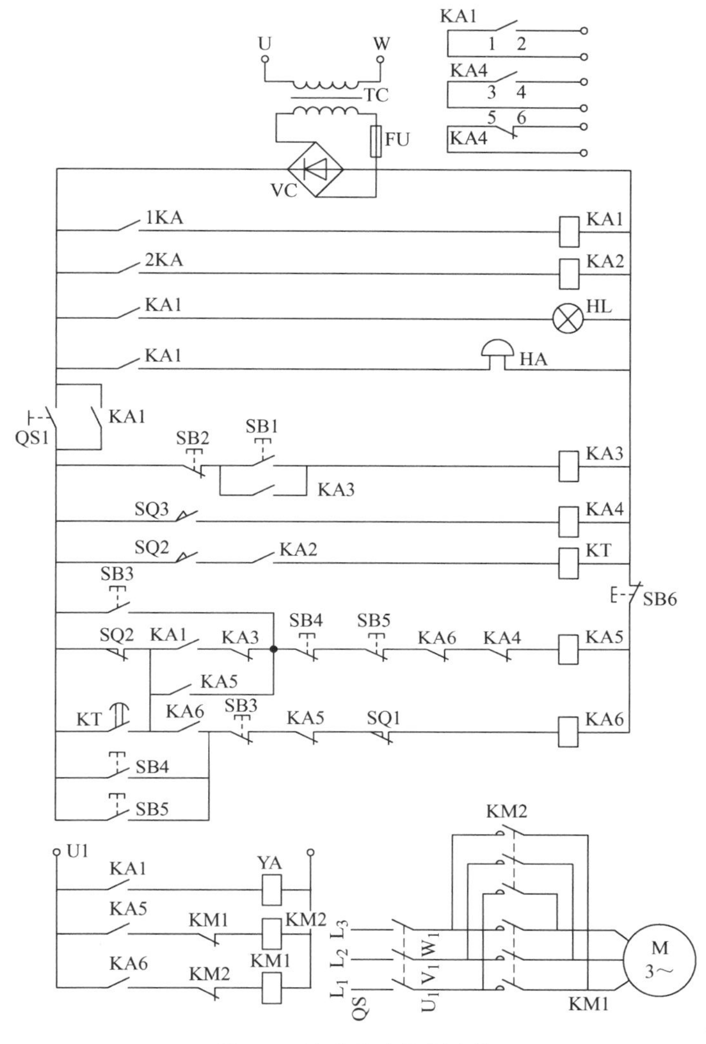

图 8-8 防火卷帘控制电路

卷帘继续下放；当卷帘落地时，碰撞位置开关 SQ3 使其触点动作，中间继电器 KA4 线圈通电；其常闭触点断开，使 KA5 失电释放，又使 KM2 线圈失电，门电机停止；同时 $KA4_{3-4}$、$KA4_{5-6}$触头将卷帘门完全关闭信号（或称落地信号）反馈给消防中心。

③ 当火被扑灭，按下消防中心的卷帘卷起按钮 SB4 或现场就地卷起按钮 SB5，均可使中间继电器 KA6 线圈通电，使接触器 KM1 线圈通电，门电机正转，卷帘上升；当上升到顶端时，碰撞位置开关 SQ1 使之动作，使 KA6 失电释放，KM1 失电，门电机停止，上升结束。开关 QS1 用于手动开、关门，而按钮 SB6 则用于手动停止卷帘升降。

评价反馈

对防火分隔设施安装与联动控制的评价反馈见表 8-1（分小组布置任务）。

表 8-1 对防火分隔设施安装与联动控制的评价反馈

序号	检测项目	评价任务及权重	自评	小组互评	教师评价
1	防火分隔设施外形及组件认识的正确性	防火分隔设施外形及组件认识是否正确，1 项不正确扣 5 分（共 20 分）			
2	防火卷帘工作原理阐述的正确性	防火卷帘工作原理阐述是否正确，1 个步骤不正确扣 5 分（共 40 分）			
3	防火阀操作的正确性	防火阀操作是否正确，1 项不正确扣 5 分（共 20 分）			
4	完成时间	规定时间内没完成者，每超过 2min 扣 2 分（共 10 分）			
5	工作纪律和态度	团队协作能力差，不爱护设备和环境，纪律差者，酌情扣 5 ~ 10 分（共 10 分）			
任务总评	优(90 ~ 100)□ 良(80 ~ 90)□ 中(70 ~ 80)□ 合格(60 ~ 70)□ 不合格(小于 60)□				

任务二 防火分隔设施调试检测

任务描述

本任务的主要内容是完成防火阀、防火卷帘的日常检查并填写检查表。

任务实施

一、防火卷帘的自检

1）手动操作方法。找到设在卷帘一侧贮藏箱内的一条圆环式铁索链，上下拉动，检查防火卷帘是否能正常升降。

2）电动操作方法。找到防火卷帘两侧的电动控制箱，按上升、下降和停止按钮，检查防火卷帘是否正常动作，并有信号反馈到消防控制室。

3）联动操作方法。分别触发两个相关的火灾探测器，检查防火卷帘能否正常下降，并有信号反馈到消防控制室。

4）远程启动操作方法。直接在消防控制室手动输出遥控信号，检查防火卷帘能否正常下降。

如图 8-9 所示为防火卷帘自检示意图。

二、防火阀现场检查

查阅消防设计文件、通风空调平面图、通风空调设备材料表等资料，了解建筑内防火阀的安装位置、数量等数据，查验防火阀产品质量合格证明文件和符合国家市场准入要求的检验报告，核实防火阀的型号、规格及公称动作温度与消防设计文件一致后开展现场检查，主要进行以下操作。

1）查看防火阀外观，检查其是否完好无损、安装牢固，阀体内不得有杂物。

2）在防火阀现场进行手动关闭、复位试验，检查防火阀的现场关闭和手动复位功能。防火阀应动作灵敏、关闭严密，并能向消防控制室控制设备反馈其动作信号。

3）采用加烟的方法使感烟探测器发出模拟火灾报警信号，观察防火阀的自动关闭功能。同一防火区域内的防火阀应能自动关闭，并向消防控制室控制设备反馈其动作信号。

4）在消防控制室的消防控制设备上和手动直接控制装置上，分别手动关闭防烟分区的防火阀，检查防火阀的远程关闭功能。防火阀的关闭、复位功能应正常，并能向消防控制室控制设备反馈其动作信号。

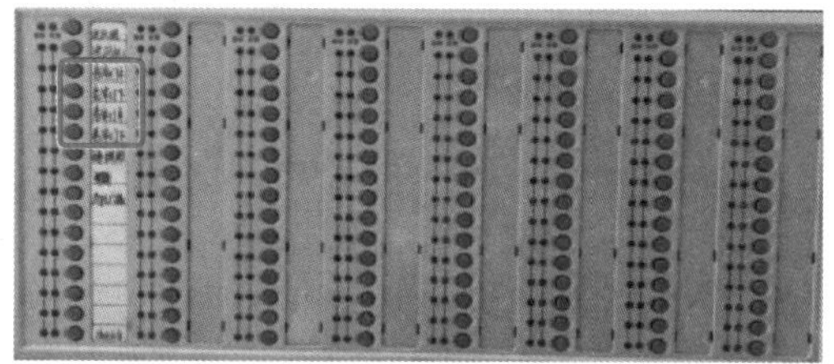

图 8-9　防火卷帘自检示意图

5）接通电源操作试验 1～2 次，以确认系统工作性能可靠，输出信号正常，否则需要及时排除故障。

评价反馈

对防火分隔设施检查的评价反馈见表 8-2（分小组布置任务）。

表 8-2　对防火分隔设施检查的评价反馈

序号	检测项目	评价任务及权重	自评	小组互评	教师评价
1	防火阀检查操作的正确性	防火阀检查是否正确，1 项不正确扣 5 分（共 40 分）			
2	防火卷帘检查操作的正确性	防火卷帘检查是否正确，1 项不正确扣 5 分（共 40 分）			
3	完成时间	规定时间内没完成者，每超过 2min 扣 2 分（共 10 分）			
4	工作纪律和态度	团队协作能力差，不爱护设备和环境，纪律差者，酌情扣 5～10 分（共 10 分）			
任务总评	优(90～100)□　良(80～90)□　中(70～80)□　合格(60～70)□　不合格(小于 60)□				

项目九

消防供配电选择

项目概述

本项目的主要内容是认识建筑消防用电负荷，针对不同建筑选择不同的消防用电负荷，检查消防配电箱，最后进行消防用电操作。

教学目标

1. 知识目标

了解消防供配电系统的分类。

2. 技能目标

能够正确选用消防供配电设施，掌握电气防火措施及雷电防护。

职业素养提升要点

了解建筑电气安装领域的绿色节能理念，并将其应用于实际工程中，为集约型发展方式转变作出自己的贡献。

任务 消防供配电选择

任务描述

对于不同建筑，消防用电负荷也不同。本任务的主要内容是检查消防配电箱，并对消防用电进行切换。

任务实施

一、消防供电设施选择

（一）电力负荷等级划分

电力负荷根据性质和重要程度不同可分为三个等级：一级负荷，二级负荷和三级负荷。

1. 一级负荷

符合下列情况之一时，应为一级负荷。

1）中断供电将造成人身伤亡时。

2）中断供电将在政治、经济上造成重大损失时。例如：重大设备损坏、重大产品报废、用重要原料生产的产品大量报废、国民经济中重点企业的连续生产过程被打乱需要长时间才能恢复等。

3）中断供电将影响有重大政治、经济意义的用电单位的正常工作。例如：重要交通枢纽、重要通信枢纽、重要宾馆、大型体育场馆、经常用于国际活动的大量人员集中的公共场所等用电单位中的重要电力负荷。

在一级负荷中，中断供电将发生中毒、爆炸和火灾等情况的负荷，以及特别重要场所的不允许中断供电的负荷，应视为特别重要的负荷。

2. 二级负荷

符合下列情况之一时，应为二级负荷。

1）中断供电将在政治、经济上造成较大损失时。例如：主要设备损坏、大量产品报废、连续生产过程被打乱需较长时间才能恢复、重点企业大量减产等。

2）中断供电将影响重要用电单位的正常工作。例如：交通枢纽、通信枢纽等用电单位中的重要电力负荷，以及大型影剧院、大型商场等较多人员集中的公共场所的电力负荷。

3. 三级负荷

不属于一级负荷和二级负荷者应为三级负荷，三级负荷允许短时停电。

（二）建筑消防用电设备负荷分级

1. 一级负荷

1）一类高层建筑的消防控制室、火灾自动报警及联动控制装置、火灾应急照明及疏散指示标志、防烟及排烟设施、自动灭火系统、消防水泵、消防电梯及其排水泵、电动防火卷帘、电动门窗、电动阀门等消防用电。

2）除粮食仓库及粮食筒仓工作塔外，建筑高度超过50m的乙、丙类厂房和丙类库房的消防用电。

3）石油化工企业生产区消防水泵的用电设备。

2. 二级负荷

1）二类高层建筑的消防控制室、火灾自动报警及联动控制装置、火灾应急照明及疏散指示标志、防烟及排烟设施、自动灭火系统、消防水泵、消防电梯及其排水泵、电动防火卷帘、电动门窗、电动阀门等消防用电。

2）室外消防用水量超过30L/s的工厂、仓库。

3）室外消防用水量大于35L/s的可燃材料堆场、可燃气体储罐（区）和甲、乙类液体储罐（区）。

4）座位数超过1500个的电影院、剧院，座位数超过3000个的体育馆，任一层建筑面积大于3000m^{2}的商店和展览建筑，省（市）级及以上的广播电视楼、电信和财贸金融建筑，室外消防用水量大于25L/s的其他公共建筑。

3. 三级负荷

除去上述一级负荷和二级负荷的用电负荷。

（三）不同级别负荷的供电要求

1. 一级负荷的供电要求

一级负荷应由两个独立的电源供电，两个电源应符合下列条件之一。

1）两个独立的电源，母线之间无联系。

2）两个独立的电源，母线之间有联系，且应符合以下要求。

① 发生任何一种故障时，两个电源的任何部分应不会同时受到损坏，即当一个电源发生故障时，另一个电源不应同时受到损坏。

② 发生任何一种故障且保护装置动作正常时，有一个电源不中断供电，并且在发生任何一种故障且主保护装置失灵以致两个电源均中断供电后，应能在有人值班的处所完成各种必要操作，迅速恢复一个电源供电。

对于特别重要的建筑，应考虑第一个电源系统检修或故障时，另一个电源又发生故障的严重情况。此时应从电力系统取得第三个电源或自备发电设备，该设备应设有自动启动装置并能在30s内启动供电。

2. 二级负荷的供电要求

二级负荷应尽量做到当发生电力变压器故障或电力线路常见故障时不致中断供电（或中断后能迅速恢复）。因此，当地区供电条件允许且投资不高时，二级负荷宜由两个电源供电。在负荷较小或地区供电条件困难时，二级负荷可由6kV及以上专用架空线供电。当采用电缆时，应敷设备用电缆并经常处于运行状态。二类建筑有自备发电设备的，当采用自动启动有困难时，可采用手动启动装置。

3. 三级负荷的供电要求

三级负荷可按约定供电，没有特殊要求。最好有两台变压器，一用一备。

电力负荷按重要程度分级的目的，在于正确反映电力负荷对供电可靠性的要求，根据国家电力供应的实际情况，恰当地选择供电方案和运行方式，满足社会的需要。负荷分级是相对的，同当时当地电力供应的情况密切相关。

（四）消防设备的供配电要求

1. 消防设备供电系统

消防设备的供电系统应能充分保证设备的工作性能，当火灾发生时能充分发挥消防设备的功能，将火灾损失降至最小。这就要求对电力负荷集中的高层建筑或一、二级电力负荷（消防负荷）采用单电源或双电源的双回路供电方式。

从建筑消防设施的供电要求上看，无论是10kV供电回路或是380/220V配电回路，都应该做到安全可靠、技术先进、经济合理、操作简单、维护方便。根据负荷分级、负荷计算，选择电压等级、系统形式、设备配置、电容补偿，从而保证可靠地供电。

双电源指的是两个发电厂或两个电站互不关联的独立发电部门。双回路则指电力系统中一个区域变电站不同母线段上的10kV电源的两个出线回路，或是不同的10kV开闭所的两个出线回路，或是同一开闭所的不同母线段。图9-1所示为常用供电系统方案。

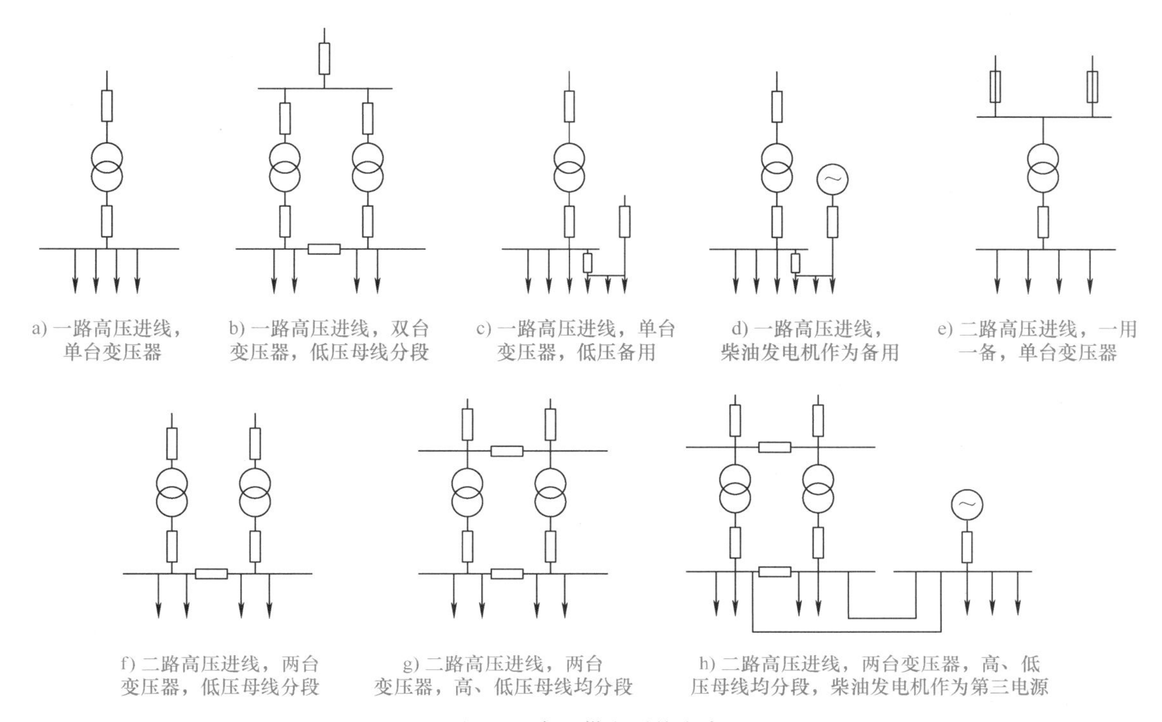

图 9-1　常用供电系统方案

图 9-1a 为一路高压进线，单台变压器的情况。该系统供电可靠性较差，电源、变压器、开关及母线中的任一环节出现故障或检修时，均不能保证供电，但接线简单，造价低，可适用三级负荷。

图 9-1b 为一路高压进线，双台变压器，低压母线分段的供电方式。与图 9-1a 比较，除变压器有备用外，其他环节无备用。一般情况下，变压器出现故障或检修的可能性比其他元件小得多，故其可靠性增加不多而投资大大增加，适用于电力负荷较大需设置两台变压器，或考虑变压器经济运行而选择两台变压器的情况。

图 9-1c 为一路高压进线，单台变压器，低压备用的供电方式，适用于建筑中只有少量一级负荷的情况。

图 9-1d 为一路高压进线，柴油发电机作为备用的供电方式，当一级负荷第二电源取得需大量投资时采用。

图 9-1e 为二路高压进线，一用一备，单台变压器的供电方式，因变压器的故障和检修远比电源要少，故投资增加不多而可靠性较高，适用于二级负荷。

图 9-1f 为二路高压进线，两台变压器，低压母线分段的供电方式。该系统基本设备均有备用，供电可靠性高，可适用于一、二级负荷。

图 9-1g 为二路高压进线，两台变压器，高、低压母线均分段的供电方式。该系统投资高、供电可靠性高，适用于一级负荷。

图 9-1h 在图 9-1g 的基础上增加了柴油发电机作为第三电源，适用于一级负荷中的特别重要负荷的供电。目前，超高层建筑及重要的高层建筑大多采用此供电方式。

2. 消防设备的配电系统

消防控制室、消防水泵、消防电梯、防烟排烟风机等的供电，应在最末一级配电箱处设置自动切换装置。

1）一类高层建筑自备发电设备，应设有自动启动装置，并能在30s内供电。二类高层建筑自备发电设备，当采用自动启动有困难时，可采用手动启动装置。

2）消防用电设备应采用单独的供电回路，当发生火灾时，切断生产、生活用电，应仍能保证消防用电。消防供电回路的配电设备应设有明显标志，配电线路和控制回路宜按防火分区划分。

3）消防应急照明灯具和灯光疏散指示标志的备用电源的连续供电时间不应少于30min。

3. 备用电源及自动投入

（1）常用的消防备用电源　当地区供电条件不能满足消防一级负荷和二级负荷的供电可靠性要求，或从地区变电站取得第二路电源不经济时，应设置消防备用电源。常用的消防备用电源有：应急发电机组、EPS应急电源、蓄电池组和燃料电池等。

1）自备应急发电机组应装设快速自动启动及电源自动切换装置，并具有连续三次自动启动的功能。对于一类高层建筑，自动启动切换时间不超过30s；对于其他建筑，在采用自动启动有困难时也可采用手动启动装置。

2）燃料电池与普通电池一样，是将化学能直接转换为电能的一种化学装置，它能够持续地通过发生在阳极和阴极上的氧化还原反应将化学能转换为电能。燃料电池工作时需要连续不断地向电池内输入燃料和氧化剂，只要持续供应燃料和氧化剂，燃料电池就会不断提供电能。目前，燃料电池因其能量转化效率高，电气特性好，以及在环保方面的优越性而越来越受到人们的关注。

（2）备用电源自动投入　备用电源自动投入（BZT）装置可使两路供电互为备用，也可用于主供电电源与应急电源（如柴油发电机组）的联结和应急电源自动投入。

1）备用电源自动投入装置的原理。当工作电源由于某种原因而断开时，电压继电器动作。工作电源的断路器切断，通过一系列继电器（中间继电器、备用电源合闸操作机构等），备用电源自动投入。

2）备用电源自动投入装置的线路组成。常见的备用电源自动投入线路如图9-2所示，由两台变压器T1、T2，断路器1QF、2QF、3QF、4QF、5QF组成。

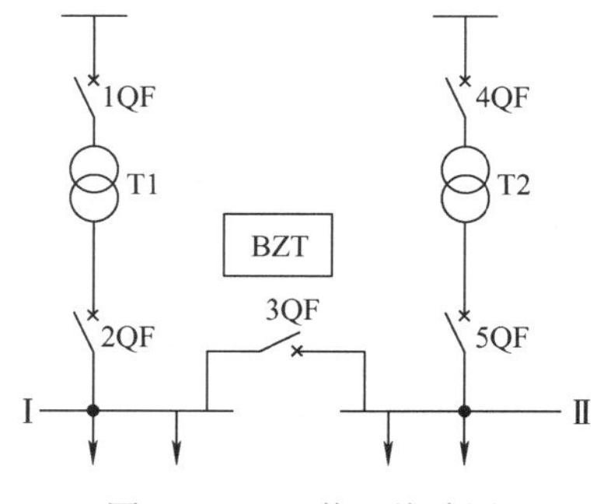

图9-2　BZT装置线路图

正常运行时，3QF处于断开位置，Ⅰ、Ⅱ段母线分开运行，分别由T1、T2供电。在这种运行方式下，如果Ⅰ回路出现故障，导致Ⅰ段母线失压，此时BZT装置应能自动断开运行断路器1QF和2QF，然后再投入分段断路器3QF，使母线Ⅰ恢复供电；反之如果Ⅱ回路出现故障，导致Ⅱ段母线失压，此时BZT装置应能自动断开运行断路器4QF、5QF，然后再投入分段断路器3QF，使母线Ⅱ恢复供电，以实现自动切换。

应当指出：双电源在消防电梯、消防水泵等设备端实现切换（末端切换）时常采用备用电源自动投入装置。

4. 供电线路的防火要求

1）消防用电设备的配电线路应满足火灾时连续供电的需要。

① 暗敷设时，应穿管并应敷设在不燃烧体结构内，保护层厚度不应小于30mm；明敷设时，应穿有防火保护的金属管或封闭式金属线槽。

② 当采用阻燃或耐火电缆时，敷设在电缆井、电缆沟内可不采取防火保护措施。

③ 当采用矿物绝缘类不燃性电缆时，可直接敷设。

④ 其他配电线路分开敷设；当敷设在同一井沟内时，宜分别布置在井沟的两侧。

2）甲类厂房、仓库，可燃材料堆垛，甲、乙类液体储罐，液化石油气储罐，可燃、助燃气体储罐与架空电力线的水平距离不应小于电杆（塔）高度的1.5倍，丙类液体储罐与架空电力线的水平距离不应小于电杆（塔）高度的1.2倍。

35kV以上的架空电力线与单罐容积大于200m^3或总容积大于1000m^3的液化石油气储罐（区）的水平距离不应小于40m；当储罐为地下直埋式时，架空电力线与储罐的最近水平距离可减小50%。

3）电力电缆不应和输送甲、乙、丙类液体管道、可燃气体管道、热力管道敷设在同一管沟内。

配电线路不得穿越通风管道内腔或敷设在通风管道外壁上，穿金属管保护的配电线路可紧贴通风管道外壁敷设。

4）配电线路敷设在有可燃物的闷顶内时，应采取穿金属管等防火保护措施；敷设在有可燃物的吊顶内时，宜采取穿金属管、采用封闭式金属线槽或难燃材料的塑料管等防火保护措施。

5）电缆竖井的井壁应为耐火极限不低于1h的非燃烧体，井壁上的检查门应用丙级防火门。井道应每隔2~3层在楼板处用相当于楼板耐火极限的非燃烧体做防火分隔，井道与房间吊顶等相连通的孔洞，其空隙应采用非燃材料紧密填塞。

6）配电箱结构及其器件宜用耐火耐热型；当用普通型配电箱时，其安装位置的选择除了常规遵循事项外，应尽可能避开易受火灾影响的场所，并对其安装方式和安装部位的结构做好防火隔热措施。

7）配电回路不应装设漏电切断保护装置。对消防水泵、防烟排烟风机等重要消防设备，不宜装设过负荷保护，必要时可手动进行控制。

8）设在建筑物内地下层的变（配）电室、发电机房，应采用耐火极限不低于2.0h的隔墙和耐火极限不低于1.5h的楼板，与其他部位隔开，设置直通室外的通道或出口。柴油发电机房应设置固定式自动灭火装置。

9）消防设备的供电线路导线截面应适当放宽，其长期允许载流量一般可比断路器长延时脱扣器整定值大25%。

二、消防配电箱和自备发电机检查

检查消防配电箱和自备发电机的仪表、指示灯显示是否正常，如图9-3所示为消防配电箱图。

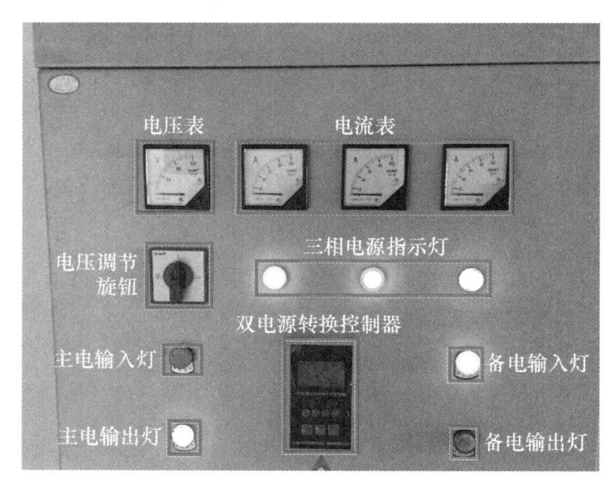

图 9-3　消防配电箱图

评价反馈

对消防供配电认识与选择的评价反馈见表 9-1（分小组布置任务）。

表 9-1　对消防供配电认识与选择的评价反馈

序号	检测项目	评价任务及权重	自评	小组互评	教师评价
1	消防用电负荷选择的正确性	消防用电负荷选择是否正确，不正确扣 20 分（共 20 分）			
2	消防配电箱操作的正确性	消防配电箱操作是否正确，1 项不正确扣 10 分（共 60 分）			
3	完成时间	规定时间内没完成者，每超过 2min 扣 2 分（共 10 分）			
4	工作纪律和态度	团队协作能力差，不爱护设备和环境，纪律差者，酌情扣 5 ~ 10 分（共 10 分）			
任务总评	优(90 ~ 100)□　良(80 ~ 90)□　中(70 ~ 80)□　合格(60 ~ 70)□　不合格(小于 60)□				

项目十

灭火器选择、配置与检查

项目概述

本项目的主要内容是认识不同灭火器的外形，针对不同场所选择合适的灭火器进行灭火，最后完成灭火器的配置与检查。

教学目标

1. 知识目标

认识灭火器的分类，掌握灭火器的配置设计方法。

2. 技能目标

能够正确使用灭火器，并能进行日常维护与保养。

职业素养提升要点

消防安全无小事，在灭火器隐患检查中，不应放过任何部位和细节，要培养认真严谨的态度和社会责任感。

任务一　灭火器选择

任务描述

灭火器使用是日常生活中应掌握的一项技能，但不同场所使用不同的灭火器。本任务的主要内容是了解灭火器的分类，根据不同场所选择合适的灭火器，并正确使用。

任务实施

一、灭火器的分类

灭火器类型繁多，分类方式主要有三种，即按操作使用方法分类、按充装的灭火剂分类和按驱动压力形式分类。

1. 按操作使用方法分类

（1）手提式灭火器　能在其内部压力作用下，将所装的灭火剂喷出以扑救火灾，并可手提移动的灭火器为手提式灭火器（图 10-1a）。它具有质量小、灭火轻便等特点，是应用比较广泛的一种灭火器，大多数建筑物都配置该类灭火器。

1）手提式灭火器的组成。手提式灭火器由以下部分组成。

① 瓶头阀：控制灭火器开闭的阀门，与筒体采用螺纹连接，一般由黄铜材料经热锻加工而成。瓶头阀既有密封灭火剂的功能，又有间歇喷射的功能，其上还有显示灭火器内部压力的压力表。

② 筒体（钢瓶）：储存灭火剂的容器，能承受一定的压力。

③ 虹吸管：灭火剂向外输送的通道，安装在筒体内。虹吸管的材料应根据灭火剂的种类来选择。

④ 喷射部件（喷嘴或喷射软管）：灭火剂由筒体内向外喷射的通道。

2）手提式灭火器的使用。手提式灭火器的使用方法以及注意事项如下。

① 正确选择灭火器的类型。

② 将灭火器提至距着火物 5 ~6m 处，选择上风方向。

③ 去除铅封，拔出保险销（干粉型灭火器使用前应上下摇晃几下）。

④ 水型灭火器一只手紧握喷射软管前端，将喷嘴对准着火物；另一只手压下压把。干粉型灭火器一只手把住瓶底，将喷嘴对准着火物；另一只手压下压把。二氧化碳型灭火器一只手握住喷筒，使用过程中需用抹布或手套包在喷筒外，将喷嘴对准着火物；另一只手压下压把。

⑤ 使用过程中不能将灭火器颠倒或横卧。

（2）推车式灭火器　推车式灭火器（图 10-1b）的车架上设有固定的车轮，可推行移动实施灭火，一般需要两人协同配合进行操作。推车式灭火器的灭火能力较强，特别适用于石油、化工等企业。

1）推车式灭火器的组成。推车式灭火器的瓶头阀、筒体（钢瓶）、虹吸管与手提式灭火器相同。此外，推车式灭火器的组成部分还有软管组件、喷枪总成（喷筒）和推车。

① 软管组件、喷枪总成（喷筒）：灭火剂由筒体内向外喷射的通道。

② 推车：灭火器的行驶机构，要求行驶灵活。

2）推车式灭火器的使用。推车式灭火器的使用方法以及注意事项如下。

① 正确选择灭火器的类型。

② 两人操作将灭火器推至离着火点 10m 处停下。

③ 选择上风方向。

④ 一人迅速取下喷枪并展开喷射软管，然后一手握住喷枪枪管；如果有开关，需要打开开关，将喷嘴对准燃烧物。

⑤ 另一人迅速去除铅封，拔掉保险销，并向上扳起手柄。

（3）背负式灭火器　背负式灭火器（图 10-1c）可以用肩背着实施灭火，其充装量一般较大，为消防专业人员专用。

（4）手抛式灭火器　手抛式灭火器内充有干粉灭火剂，充装量较小，多数做成工艺品形状。灭火时将其抛掷到着火区域，干粉散开实施灭火，一般适用于家庭灭火。

（5）悬挂式灭火器　悬挂式灭火器是一种悬挂在保护场所内，依靠着火时的热量将其引爆自动实施灭火的灭火器。

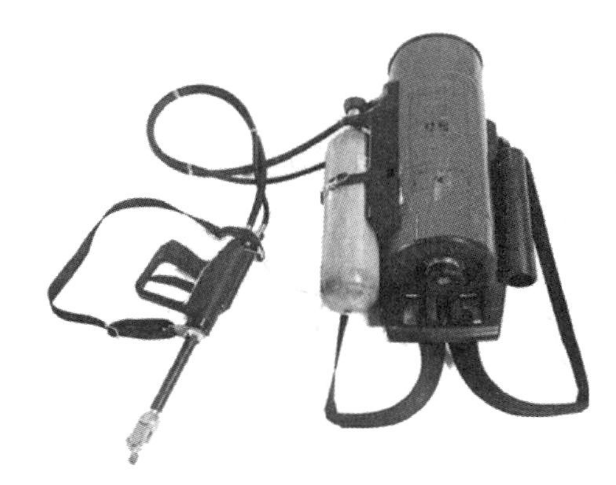

a) 手提式灭火器　　b) 推车式灭火器　　c) 背负式灭火器

图 10-1　按操作使用方法分类的灭火器

2. 按充装灭火剂种类分类

根据充装灭火剂的种类不同，灭火器可分为水型灭火器、泡沫型灭火器、干粉型灭火器和二氧化碳型灭火器，如图 10-2 所示。

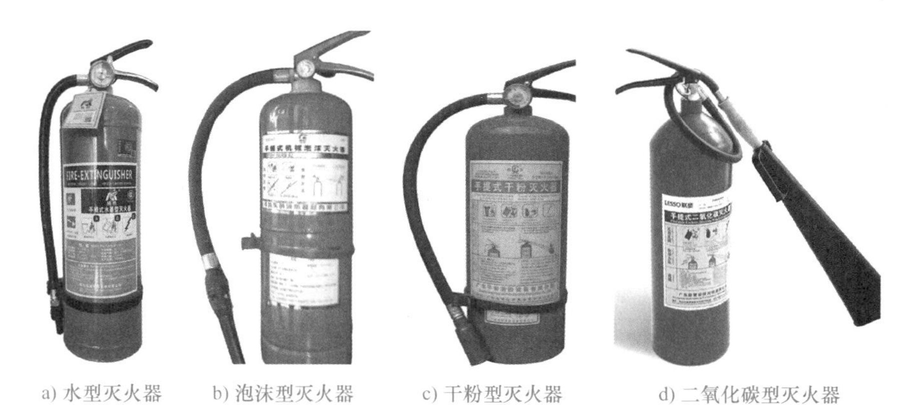

a) 水型灭火器　　b) 泡沫型灭火器　　c) 干粉型灭火器　　d) 二氧化碳型灭火器

图 10-2　按充装灭火剂种类分类的灭火器

(1) 水型灭火器　水型灭火器（图 10-2a）充装的灭火剂主要是清洁水，有时加入适量防冻剂，以降低水的冰点，也可加入适量润湿剂、阻燃剂及增稠剂等，以增强灭火性能。

(2) 泡沫型灭火器　泡沫型灭火器（图 10-2b）充装的是泡沫灭火剂，可分为空气泡沫型灭火器和化学泡沫型灭火器两种。实际工作中较常用的是空气泡沫型灭火器。

(3) 干粉型灭火器　干粉型灭火器（图 10-2c）内充装的灭火剂是干粉。根据干粉灭火剂的种类不同，干粉型灭火器可分为碳酸氢钠干粉型灭火器、磷酸铵盐干粉型灭火器及氨基干粉型灭火器。由于碳酸氢钠干粉只适用于 B、C 类火灾，因此又称 BC 干粉灭火器。磷酸铵盐干粉适用于 A、B、C 类火灾，因此又称 ABC 干粉灭火器。干粉型灭火器是我国目前使用比较广泛的一种灭火器。

(4) 二氧化碳型灭火器　二氧化碳型灭火器（图 10-2d）是一种利用液态二氧化碳的蒸气压将二氧化碳喷出实施灭火的灭火器。由于二氧化碳灭火剂灭火不留痕迹，并具有电绝缘性能等特点，因此二氧化碳型灭火器比较适用于扑救 600V 以下，有带电电器、贵重设备、图书资料及仪器仪表等场所的初期火灾；但其灭火性能较差，使用时要注意避免冻伤的危害。

3. 按驱动压力形式分类

（1）储气瓶式灭火器　储气瓶式灭火器的动力气体和灭火剂分开，单独储存在专用的小钢瓶内，小钢瓶有外置和内置两种形式。使用时，将高压动力气体释放，充装到灭火剂储气瓶内作为驱动灭火剂的动力。

（2）储压式灭火器　储压式灭火器将高压动力气体和灭火剂储存在同一个容器内，使用时依靠动力气体的压力驱动喷出灭火剂，是一种较常见的驱动压力形式。

（3）泵浦式灭火器　泵浦式灭火器通过附加的手动泵浦加压，将灭火剂驱动喷出灭火。这种灭火器主要用水作为灭火剂，对灭草丛火效果较好。

表 10-1 为手提式灭火器的类型、规格和灭火级别。表 10-2 为推车式灭火器的类型、规格和灭火级别。

表 10-1　手提式灭火器的类型、规格和灭火级别

灭火器类型	灭火器充装量（规格）		灭火器类型、规格代码（型号）	灭火级别	
	L	kg		A 类	B 类
水型	3	—	MS/Q3	1A	—
			MS/T3		55B
	6	—	MS/Q6	1A	—
			MS/T6		55B
	9	—	MS/Q6	2A	—
			MS/T6		89B
泡沫型	3	—	MP3、MP/AR3	1A	55B
	4	—	MP4、MP/AR4	1A	55B
	6	—	MP6、MP/AR6	1A	55B
	9	—	MP9、MP/AR9	2A	89B
干粉型（碳酸氢钠）	—	1	MF1	—	21B
	—	2	MF2	—	21B
	—	3	MF3	—	34B
	—	4	MF4	—	55B
	—	5	MF5	—	89B
	—	6	MF6	—	89B
	—	8	MF8	—	144B
	—	10	MF10	—	144B
干粉型（磷酸铵盐）	—	1	MF/ABC1	1A	21B
	—	2	MF/ABC2	1A	21B
	—	3	MF/ABC3	2A	34B
	—	4	MF/ABC4	2A	55B
	—	5	MF/ABC5	3A	89B

（续）

灭火器类型	灭火器充装量（规格）		灭火器类型、规格代码（型号）	灭火级别	
	L	kg		A类	B类
干粉型（磷酸铵盐）	—	6	MF/ABC6	3A	89B
	—	8	MF/ABC8	4A	144B
	—	10	MF/ABC10	6A	144B
二氧化碳型	—	2	MT2	—	21B
	—	3	MT3	—	21B
	—	5	MT5	—	34B
	—	7	MT7	—	55B

表 10-2　推车式灭火器的类型、规格和灭火级别

灭火器类型	灭火器充装量（规格）		灭火器类型、规格代码（型号）	灭火级别	
	L	kg		A类	B类
水型	20		MST20	4A	—
	45		MST45	4A	—
	60		MST60	4A	—
	125		MST125	6A	—
泡沫型	20		MPT20、MPT/AR20	4A	113B
	45		MPT20、MPT/AR20	4A	144B
	60		MPT20、MPT/AR20	4A	233B
	125		MPT20、MPT/AR20	6A	297B
干粉型（碳酸氢钠）	—	20	MFT20	—	183B
	—	50	MFT50	—	297B
	—	100	MFT100	—	297B
	—	125	MFT125	—	297B
干粉型（磷酸铵盐）	—	20	MFT/ABC20	6A	183B
	—	50	MFT/ABC50	8A	297B
	—	100	MFT/ABC100	10A	297B
	—	125	MFT/ABC125	10A	297B
二氧化碳型	—	10	MYT10	—	55B
	—	20	MYT20	—	70B
	—	30	MYT30	—	113B
	—	50	MYT40	—	183B

二、灭火器的选择

1）灭火器的选用应考虑以下因素。

① 配置场所的火灾种类（表 10-3）。

② 配置场所的火灾危险等级。

③ 灭火剂的灭火效能和通用性。

④ 灭火剂对保护物品的污损程度。

⑤ 灭火器设置点的环境温度。

⑥ 使用灭火器人员的体能。

2）在同一灭火器配置场所，宜选用相同类型和操作方法的灭火器。当同一灭火器配置场所存在不同的火灾种类时，应选用通用型灭火器。

3）在同一灭火器配置场所，当选用两种或两种以上类型的灭火器时，应采用灭火剂相容的灭火器。

表 10-3　火灾种类及其适用灭火器

火灾种类	定义	适用灭火器
A 类火灾	固体物质火灾。这种物质通常具有有机物性质，一般在燃烧时能产生灼热的余烬	泡沫型灭火器、磷酸铵盐干粉型灭火器、水型灭火器
B 类火灾	液体或可熔化的固体物质火灾	泡沫型灭火器、碳酸氢钠干粉型灭火器、磷酸铵盐干粉型灭火器、二氧化碳型灭火器、灭 B 类火灾的水型灭火器
C 类火灾	气体火灾	磷酸铵盐干粉型灭火器、碳酸氢钠干粉型灭火器、二氧化碳型灭火器
D 类火灾	金属火灾	扑灭金属火灾的专用灭火器
E 类火灾	带电火灾。物体带电燃烧的火灾	磷酸铵盐干粉型灭火器、碳酸氢钠干粉型灭火器、二氧化碳型灭火器，但不得选用装有金属喇叭喷筒的二氧化碳型灭火器
F 类火灾	烹饪器具内的烹饪物（如动植物油脂）火灾	一般采用窒息法进行灭火，最常用的方式是采用锅盖、湿棉被、防火毯以及其他不燃物质覆盖在燃烧物上，以隔绝氧气，达到窒息灭火的作用；也可以采用二氧化碳、氮气等气体灭火剂或干粉型灭火剂进行灭火

评价反馈

对灭火器分类和选择的评价反馈见表 10-4（分小组布置任务）。

表 10-4　对灭火器分类和选择的评价反馈

序号	检测项目	评价任务及权重	自评	小组互评	教师评价
1	灭火器外形及组件认识的正确性	灭火器外形及组件认识是否正确，1 项不正确扣 5 分（共 20 分）			
2	灭火器使用的正确性	灭火器使用是否正确，1 项不正确扣 5 分（共 30 分）			

（续）

序号	检测项目	评价任务及权重	自评	小组互评	教师评价
3	灭火器选择的正确性	灭火器选择是否正确，1 项不正确扣 5 分（共 30 分）			
4	完成时间	规定时间内没完成者，每超过 2min 扣 2 分（共 10 分）			
5	工作纪律和态度	团队协作能力差，不爱护设备和环境，纪律差者，酌情扣 5 ~ 10 分（共 10 分）			
任务总评	优(90 ~ 100)□ 良(80 ~ 90)□ 中(70 ~ 80)□ 合格(60 ~ 70)□ 不合格(小于 60)□				

任务二 灭火器配置与检查

任务描述

本任务的主要内容是通过案例分析进行灭火器的配置计算；通过实地检查校园灭火器，掌握灭火器的日常检查方法。

任务实施

一、灭火器的配置

1. 灭火器配置设计计算

灭火器配置设计计算程序如图 10-3 所示。

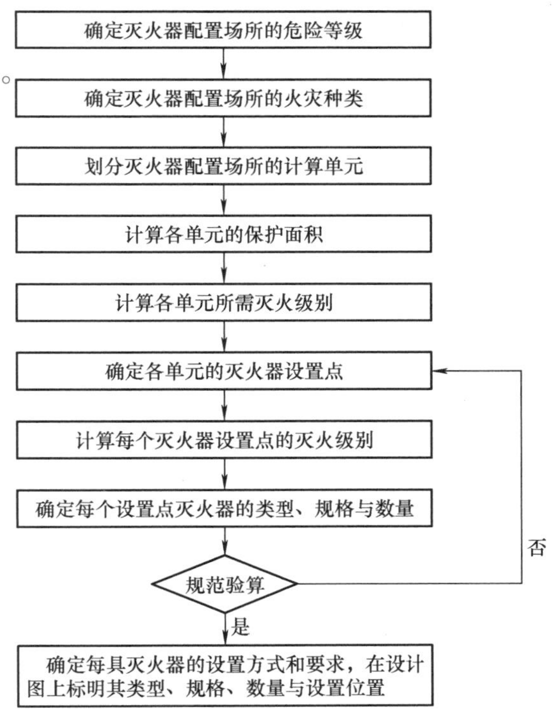

图 10-3 灭火器配置设计计算程序

（1）确定灭火器配置场所的危险等级

1）工业建筑灭火器配置场所的危险等级。根据工业建筑（厂房、仓库）生产、使用、储存物品的火灾危险性，可燃物数量，火灾蔓延速度及扑救难易程度等因素，将工业建筑灭火器配置场所的危险等级划分为严重危险级、中危险级和轻危险级三个级别。

① 严重危险级：火灾危险性大，可燃物多，起火后蔓延迅速，扑救困难，容易造成重大财产损失的场所。

② 中危险级：火灾危险性较大，可燃物较多，起火后蔓延较迅速，扑救较难的场所。

③ 轻危险级：火灾危险性较小，可燃物较少，起火后蔓延较缓慢，扑救较易的场所。

工业建筑灭火器配置场所的危险等级举例见表 10-5。

表 10-5 工业建筑灭火器配置场所的危险等级举例

危险等级	举例	
	厂房和露天、半露天生产装置区	库房和露天、半露天堆场
严重危险级	1. 闪点小于60℃的油品和有机溶剂的提炼、回收、洗涤部位及其泵房、灌桶间 2. 橡胶制品的涂胶和胶浆部位 3. 二硫化碳的粗馏、精馏工段及其应用部位 4. 甲醇、乙醇、丙酮、丁酮、异丙醇、醋酸乙酯及苯等的合成、精制厂房 5. 植物油加工厂的浸出厂房 6. 洗涤剂厂房石蜡裂解部位、冰醋酸裂解厂房 7. 环氧氢丙烷、苯乙烯厂房或装置区 8. 液化石油气灌瓶间 9. 天然气、石油伴生气、水煤气或焦炉煤气的净化（如脱硫）厂房、压缩机室及鼓风机室 10. 乙炔站、氧气站、煤气站、氧气站 11. 硝化棉、赛璐珞厂房及其应用部位 12. 黄磷、赤磷制备厂房及其应用部位 13. 樟脑或松香提炼厂房、焦化厂精萘厂房 14. 煤粉厂房和面粉厂房的碾磨部位 15. 谷物筒仓工作塔、亚麻厂的除尘器和过滤器室 16. 氯酸钾厂房及其应用部位 17. 发烟硫酸或发烟硝酸浓缩部位 18. 高锰酸钾、重铬酸钠厂房 19. 过氧化钠、过氧化钾及次氯酸钙厂房 20. 各工厂的总控制室、分控制室 21. 国家和省级重点工程的施工现场 22. 发电厂（站）和电网经营企业的控制室、设备间	1. 化学危险物品库房 2. 装卸原油或化学危险物品的车站、码头 3. 甲、乙类液体储罐区、桶装库房及堆场 4. 液化石油气储罐区、桶装库房及堆场 5. 棉花库房及散装堆场 6. 稻草、芦苇及麦秸等堆场 7. 赛璐珞及其制品，漆布、油布、油纸及其制品，油绸及其制品库房 8. 酒精度为60% vol以上的白酒库房
中危险级	1. 闪点大于或等于60℃的油品和有机溶剂的提炼、回收工段及其抽送泵房 2. 柴油、机器油或变压器油灌桶间 3. 润滑油再生部位或沥青加工部位 4. 植物油加工精炼部位 5. 油浸变压器室和高、低压配电室 6. 工业用燃油、燃气锅炉房 7. 各种电缆廊道 8. 油淬火处理车间 9. 橡胶制品压延、成型和硫化厂房 10. 木工厂房和竹、藤加工厂房 11. 针织品厂房和纺织、印染、化纤生产的干燥部位 12. 服装加工厂房、印染厂成品厂房 13. 麻纺厂粗加工厂房、毛涤厂选毛厂房 14. 谷物加工厂房 15. 卷烟厂的切丝、卷制及包装厂房	1. 丙类液体储罐区、桶装库房、堆场 2. 化学、人造纤维及其织物，棉、毛、丝、麻及其织物的库房、堆场 3. 纸、竹、木及其制品的库房、堆场 4. 火柴、香烟、糖、茶叶库房 5. 中药材库房 6. 橡胶、塑料及其制品的库房 7. 粮食、食品库房、堆场 8. 计算机、电视机及收录音机等电子产品及家用电器库房

（续）

危险等级	举例	
	厂房和露天、半露天生产装置区	库房和露天、半露天堆场
中危险级	16. 印刷厂的印刷厂房 17. 电视机、收录音机装配厂房 18. 显像管厂装配工段煅烧枪间 19. 磁带装配厂房 20. 泡沫塑料厂的发泡、成型、印片压花部位 21. 饲料加工厂房 22. 地市级及以下重点工程的施工现场	9. 汽车、大型拖拉机停车库 10. 酒精度小于60% vol的白酒库 11. 低温冷库
轻危险级	1. 金属冶炼、铸造、铆焊、热轧、锻造及热处理厂房 2. 玻璃原料熔化厂房 3. 陶瓷制品的烘干、烧成厂房 4. 酚醛泡沫塑料的加工厂房 5. 印染厂的漂炼部位 6. 化纤厂后加工润湿部位 7. 造纸厂或化纤厂的浆粕蒸煮工段 8. 仪表、器械或车辆装配车间 9. 不燃液体的泵房和阀门室 10. 金属（镁合金除外）冷加工装配车间 11. 氟利昂厂房	1. 钢材库房、堆场 2. 水泥库房、堆场 3. 搪瓷、陶瓷制品库房、堆场 4. 难燃烧或非燃烧建筑装饰材料的库房、堆场 5. 原木库房、堆场 6. 丁、戊类液体储罐区、桶装库房及堆场

2）民用建筑灭火器配置场所的危险等级。根据民用建筑灭火器配置场所的使用性质，人员密集程度，用电、用火情况，可燃物数量，火灾蔓延速度及扑救难易程度等因素，将民用建筑危险等级划分为严重危险级、中危险级和轻危险级三种。

① 严重危险级：使用性质重要，人员密集，用电、用火多，可燃物多，起火后蔓延迅速，扑救困难，容易造成重大财产损失或人员群死群伤的场所。

② 中危险级：使用性质较重要，人员较密集，用电、用火较多，可燃物较多，起火后蔓延较迅速，扑救较难的场所。

③ 轻危险级：使用性质一般，人员不密集，用电、用火较少，可燃物较少，起火后蔓延较缓慢，扑救较易的场所。

民用建筑灭火器配置场所的危险等级举例见表10-6。

表10-6 民用建筑灭火器配置场所的危险等级举例

危险等级	举例
严重危险级	1. 县级及以上的文物保护单位、档案馆、博物馆的库房、展览室及阅览室 2. 设备贵重或可燃物多的实验室 3. 广播电台、电视台的演播室、道具间和发射塔楼 4. 专用电子计算机房 5. 城镇及以上的邮政信函和包裹分拣房、邮袋库、通信枢纽及其电信机房 6. 客房数在50间以下的旅馆、饭店的公共活动用房、多功能厅及厨房 7. 体育场（馆）、电影院、剧院、会堂、礼堂的舞台及后台部位

（续）

危险等级	举例
严重危险级	8. 住院床位在50张及以上的医院的手术室、理疗室、透视室、心电图室、药房、住院部、门诊部及病历室 9. 建筑面积在2000m²及以上的图书馆、展览馆的珍藏室、阅览室、书库及展览厅 10. 民用机场的候机厅、安检厅、空管中心及雷达机房 11. 超高层建筑和一类高层建筑的写字楼、公寓楼 12. 电影、电视摄影棚 13. 建筑面积在1000m²及以上，经营易燃易爆化学物品的商场、商店的库房及铺面 14. 建筑面积在200m²及以上的公共娱乐场所 15. 老人住宿床位在50张及以上的养老院 16. 幼儿住宿床位在50张及以上的托儿所、幼儿园 17. 学生住宿床位在100张及以上的学校集体宿舍 18. 县级及以上的党政机关办公大楼的会议室 19. 建筑面积在500m²及以上的车站和码头的候车（船）室、行李房 20. 城市地下铁道、地下观光隧道 21. 汽车加油站、加气站 22. 机动车交易市场（包括旧机动车交易市场）及其展销厅 23. 民用液化气、天然气灌装站、换瓶站及调压站
中危险级	1. 县级以下文物保护单位、档案馆、博物馆的库房、展览室及阅览室 2. 一般的实验室 3. 广播电台、电视台的会议室、资料室 4. 设有集中空调、电子计算机及复印机等设备的办公室 5. 城镇以下的邮政信函和包裹分拣房、邮袋库、通信枢纽及其电信机房 6. 客房数在50间以下的旅馆、饭店的公共活动用房、多功能厅和厨房 7. 体育场（馆）、电影院、剧院、会堂及礼堂的观众厅 8. 住院床位在50张以下的医院的手术室、理疗室、透视室、心电图室、药房、住院部、门诊部及病历室 9. 建筑面积在2000m²以下的图书馆、展览馆的珍藏室、阅览室、书库及展览厅 10. 民用机场的检票厅、行李厅 11. 二类高层建筑的写字楼、公寓楼 12. 高级住宅、别墅 13. 建筑面积在1000m²以下，经营易燃易爆化学物品的商场、商店的库房及铺面 14. 建筑面积在200m²以下的公共娱乐场所 15. 老人住宿床位在50张以下的养老院 16. 幼儿住宿床位在50张以下的托儿所、幼儿园 17. 学生住宿床位在100张以下的学校集体宿舍 18. 县级以下党政机关办公大楼的会议室 19. 学校教室、教研室 20. 建筑面积在500m²以下的车站和码头的候车（船）室、行李房 21. 百货楼、超市及综合商场 22. 民用燃油、燃气锅炉房 23. 民用油浸变压器室和高、低压配电室

（续）

危险等级	举例
轻危险级	1. 日常用品小卖部及经营难燃烧或非燃烧建筑装饰材料的商店 2. 未设集中空调、计算机及复印机等设备的普通办公室 3. 旅馆、饭店的客房 4. 普通住宅 5. 各类建筑物中以难燃烧或非燃烧的建筑构件分隔且主要储存难燃烧或非燃烧材料的辅助房间

（2）确定灭火器配置场所的火灾种类　详见表10-3。

（3）划分灭火器配置场所的计算单元　划分灭火器配置场所的计算单元应遵循下列规定。

1）灭火器配置场所的危险等级和火灾种类均相同的相邻场所，可将一个楼层或一个防火分区作为一个计算单元。如办公楼每层的成排办公室、宾馆每层的成排客房等，就可以按照楼层或防火分区将若干个配置场所合并作为一个计算单元配置灭火器。

2）灭火器配置场所的危险等级或火灾种类不相同的场所，应分别作为一个计算单元。如建筑物内相邻的化学实验室和计算机房，就应分别单独作为一个计算单元配置灭火器。

3）同一个计算单元不得跨越防火分区和楼层。

（4）计算灭火器配置场所各计算单元的保护面积

1）灭火器配置场所计算单元的保护面积按照建筑面积计算。

2）可燃物露天堆场，甲、乙、丙类液体储罐区及可燃气体储罐区应按堆垛、储罐的占地面积计算。

（5）计算灭火器配置场所各计算单元所需灭火级别　一般情况下，每个计算单元所需灭火级别应按式(10-1）计算。

$$Q \geqslant \frac{KS}{U} \tag{10-1}$$

歌舞娱乐放映游艺场所、网吧、商场、寺庙以及地下场所等的每个计算单元所需灭火级别应按式(10-2）计算。

$$Q \geqslant 1.3\frac{KS}{U} \tag{10-2}$$

式中　Q——计算单元所需灭火级别（A或B）；

S——计算单元的保护面积（m^2）；

K——计算修正系数；

U——灭火器配置基准（m^2/A或m^2/B）。

1）计算修正系数的确定。计算修正系数按照表10-7确定。

表10-7　灭火器配置设计计算修正系数 *K* 值

计算单元	*K* 值
未设室内消火栓系统和灭火系统	1.0
设有室内消火栓系统	0.9
设有灭火系统	0.7

（续）

计算单元	K值
设有室内消火栓系统和灭火系统	0.5
可燃物露天堆场，甲、乙、丙类液体储罐及可燃气体储罐区	0.3

2）灭火器配置基准。灭火器配置基准是指单位灭火级别（1A或1B）的最大保护面积。灭火器的最低配置基准见表10-8和表10-9。

表10-8　A类火灾场所灭火器的最低配置基准

危险等级	严重危险级	中危险级	轻危险级
单具灭火器最小配置灭火级别	3A	2A	1A
单位灭火级别最大保护面积/(m^2/A)	50	75	100

表10-9　B、C类火灾场所灭火器的最低配置基准

危险等级	严重危险级	中危险级	轻危险级
单具灭火器最小配置灭火级别	89B	55B	21B
单位灭火级别最大保护面积/(m^2/B)	0.5	1.0	1.5

D类火灾场所的灭火器最低配置基准应根据金属的种类、物态及其特性等研究确定。

E类火灾场所的灭火器最低配置基准不应低于该场所内A类（或B类）火灾的规定。

F类火灾场所的灭火器最低配置基准见表10-10。一个计算单元内配置的灭火器数量不少于2具，每个设置点的灭火器数量不宜多于5具。

当住宅楼每层的公共部位建筑面积超过100m^2时，应配置1具1A的手提式灭火器；每增加100m^2时，增配1具1A的手提式灭火器。

表10-10　F类火灾场所灭火器的最低配置基准

最大烹饪器具开口面积A/m^2	最小灭火级别	单具灭火器最大保护面积/m^2
$A \leq 0.07$	5F	0.03
$0.07 < A \leq 0.10$	15F	0.05
$0.10 < A \leq 0.17$	25F	0.08
$0.17 < A \leq 0.50$	75F	0.25

（6）确定灭火器配置场所各计算单元的灭火器设置点位置和数量　灭火器设置点的位置和数量应根据灭火器的最大保护距离确定，并应保证最不利点至少在一个灭火器设置点的保护范围内。

1）灭火器的最大保护距离。灭火器的最大保护距离是指计算单元内任意一点至最近灭火器设置点的距离。A、B、C类火灾场所灭火器的最大保护距离见表10-11。

表 10-11 A、B、C 类火灾场所灭火器的最大保护距离 （单位：m）

火灾类别	A 类火灾			B、C 类火灾		
危险等级	严重危险级	中危险级	轻危险级	严重危险级	中危险级	轻危险级
手提式灭火器	15	20	25	9	12	15
推车式灭火器	30	40	50	18	24	30

D 类火灾场所的灭火器，其最大保护距离应根据具体情况研究确定。

E 类火灾场所的灭火器，其最大保护距离不应低于该场所内 A 类或 B 类火灾的规定。

F 类火灾场所的灭火器，其最大保护距离为 10m。

可燃物露天堆场，甲、乙、丙类液体储罐，可燃气体储罐等灭火器配置场所，灭火器的最大保护距离按有关标准、规范的规定执行。

2）灭火器设置点的合理性判断。灭火器设置点的保护范围视设置点的位置而定，如图 10-4所示。

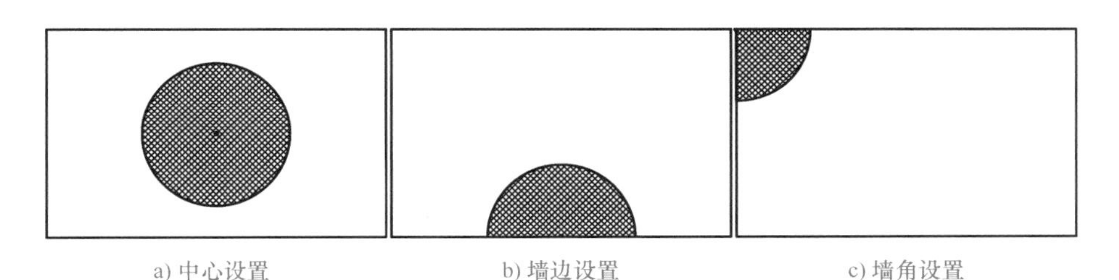

a) 中心设置　　b) 墙边设置　　c) 墙角设置

图 10-4 灭火器设置点的保护范围

判定灭火器设置点是否合理，关键是看计算单元内任意一点是否至少在一个灭火器设置点的保护范围内。判定的方法通常有两种：一种方法是以每一个灭火器设置点为圆心，以灭火器的最大保护距离为半径作圆，看计算单元内任意一点是否至少被一个圆覆盖；另一种方法是量取最不利点至最近灭火器设置点的距离，看其是否小于或等于灭火器的最大保护距离。当满足上述要求时，证明灭火器设置点设置合理。

（7）计算每个灭火器设置点的灭火级别　配置设计计算单元内，每个灭火器设置点的灭火级别应按式(10-3）计算。

$$Q_e \geqslant \frac{Q}{N} \tag{10-3}$$

式中　Q_e——计算单元内，每个灭火器设置点的灭火级别（A 或 B）；

Q——计算单元所需灭火级别（A 或 B），由式(10-1）或式(10-2）计算得到；

N——计算单元内灭火器设置点的数量（个）。

例如，有一配置场所的灭火级别计算值为 24A。在考虑了保护距离和实际设置位置情况后，假设最终选定了 3 个设置点，那么，计算出每一个设置点的灭火级别为

$$Q_e = 24A/3 = 8A$$

（8）确定每个灭火器设置点的灭火器类型、规格和数量　根据每个灭火器设置点的灭火级别，参照表 10-5 或表 10-6 确定每个灭火器设置点的灭火器类型、规格和数量。

（9）确定每具灭火器的设置方式和要求

根据表 10-11 均匀布置灭火器。灭火器位置应不影响人员走路、工作及安全疏散，且应有利于灭火器防潮、防碰撞及防止随意挪动，同时保持建筑物布局整齐、美观。

2. 灭火器配置设计例题

【例 10-1】 某高校附近网吧，位于三层楼房的第一层（地上），建筑物为砖混结构。网吧内置物料主要为大量计算机、沙发与桌椅等，网吧平面尺寸长 30m，宽 15m，房内的计算机等工艺设备的占地面积小于 $4m^2$，没有安装室内消火栓和灭火系统。为保证火灾初期消防安全，试对该网吧灭火器配置方案进行设计。

【解析】（1）确定该灭火器配置场所的危险等级与火灾种类

1）确定该灭火器配置场所的危险等级。查表 10-6，该网吧属于严重危险级的民用建筑。

2）确定该灭火器配置场所的火灾种类 该网吧使用的物品多为计算机等固体可燃物，确认该机房可能发生 A 类火灾；因存在主机服务器、电脑等用电设备，因此该网吧同时存在 E 类火灾危险。

（2）划分灭火器配置场所的计算单元与确定其保护面积

1）划分灭火器配置场所的计算单元。该网吧可作为一个灭火器配置场所的独立计算单元。

2）计算该单元的保护面积。计算单元的保护面积应按建筑面积计算，则该单元的保护面积为 $S=30\times15m^2=450m^2$。

（3）计算单元所需灭火级别 该网吧属于地面建筑，扑救初期火灾所需的灭火级别按式(10-2）计算。

$$Q=1.3\times\frac{450A}{50}=11.7A$$

（4）确定该单元的灭火器设置点位置和数量 查表 10-11 得，该单元手提式灭火器最大保护距离为 15m，用保护圆简化设计法确定设置点。

取长边两个中点作为设置点，并以其为圆心画保护圆。存在左右两个阴影，说明存在“死角”，不符合规范要求，如图 10-5a 所示。取短边的两个中点作为两个灭火器设置点，画两个保护圆，存在上下两个阴影，不符合要求，如图 10-5b 所示。

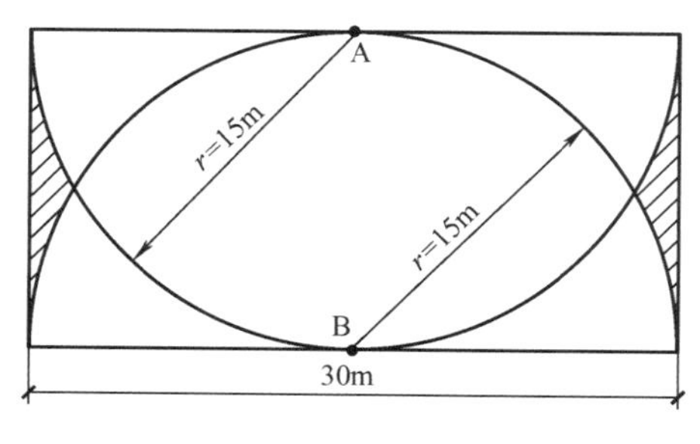

a) 取长边两个中点作为设置点

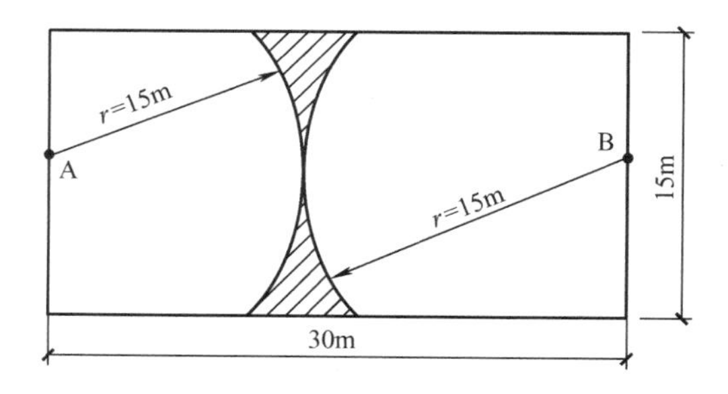

b) 取短边的两个中点作为设置点

图 10-5 不符合要求的布置示意图

取两个长边上距 N 侧短边 10m 的点 A 和 B，再加 S 侧短边的中点 C，共 3 个灭火器设置点，画3个保护圆。3个保护圆覆盖了该单元的所有区域，无“死角”，符合规范要求，如图10-6所示。

确定该单元A、B、C三个灭火器设置点及其位置，故 $N=3$。

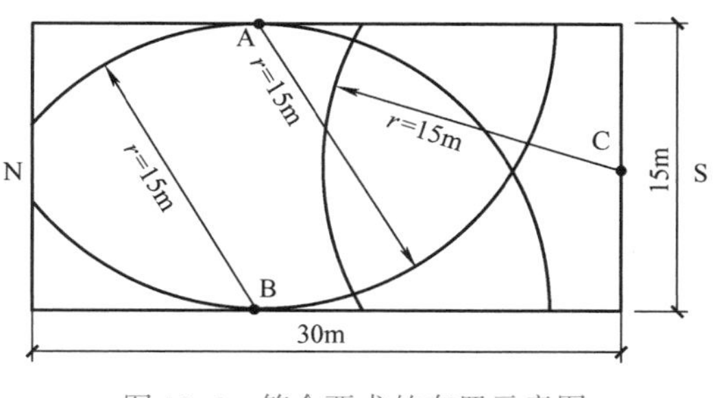

图10-6　符合要求的布置示意图

（5）计算每个灭火器设置点的最小需配灭火级别

$$Q_e=\frac{Q}{N}=\frac{11.7A}{3}=3.9A$$

（6）确定每个设置点灭火器的类型、规格与数量

1）类型选择。根据网吧的特点和防火设计要求，决定选择手提式磷酸铵盐干粉型灭火器。

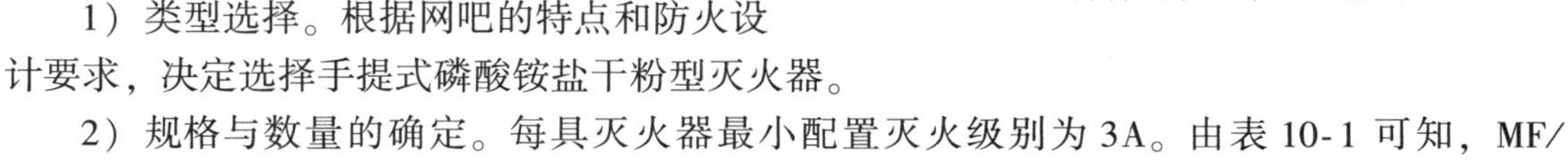

2）规格与数量的确定。每具灭火器最小配置灭火级别为3A。由表10-1可知，MF/ABC5灭火器的最大灭火级别为3A。

(3.9A/具)/3A=1.3具>1具，故取2具。

每个灭火器设置点选配2具5kg手提式MF/ABC5灭火器（MF/ABC5×2），则该网吧需配置6具5kg手提式MF/ABC5灭火器（MF/ABC5×6）。

3）验算。该单元实际配置的所有灭火器的灭火级别验算如下。

$$Q_t=\sum_{i=1}^{6}Q_i=2\times3\times3=18A>Q=11.7A$$

符合要求。

每个灭火器设置点实际配置所有灭火器的灭火级别验算。

$$Q_s=\sum_{i=1}^{2}Q_i^t=2\times3=6A>Q_e=3.9A$$

符合要求。

每具灭火器最小配置规格为3A，符合表10-8的要求。

该单元内配置灭火器总数为6具>2具，符合要求。

每个设置点配置灭火器数为2具（1具<2具<5具），符合要求。

（7）确定每具灭火器的设置方式和要求　根据网吧的使用性质和工艺要求，灭火器的设置方式应采用嵌入式的墙式灭火器箱，即在A、B、C三个设置点处的内墙壁上预埋3只灭火器箱，将6具MF/ABC5灭火器平均分成3组放入3只箱内，该设置方式具有以下优点。

1）不影响人员走路、工作及安全疏散。

2）有利于灭火器防潮、防碰撞及防止随意挪动。

3）保持网吧布局整齐、美观。

（8）在工程设计图上用灭火器图例和文字标明灭火器的型号、数量与设置位置　在设计平面图上标记灭火器配置情况，如图10-7所示。

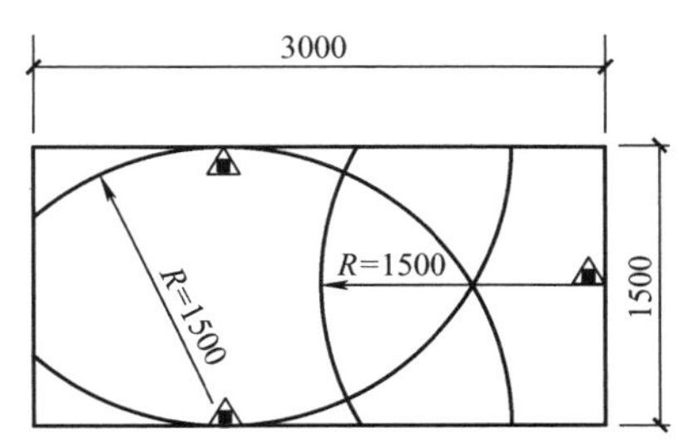

图10-7　灭火器配置点

二、灭火器的安装

1. 灭火器的安装要求

1）灭火器应设置在位置明显和便于取用的地点，且不得影响安全疏散。

2）对有视线障碍的灭火器设置点，应设置指示其位置的发光标志。

3）灭火器的摆放应稳固，其铭牌应朝外。灭火器箱不得上锁。

4）灭火器不宜设置在潮湿或强腐蚀性的地点；当必须设置时，应有相应的保护措施。灭火器设置在室外时，应有相应的保护措施。

5）灭火器不得设置在超出其使用温度范围的地点。

6）灭火器的最大保护距离应符合各类火灾场所的规定。

2. 手提式灭火器的安装设置

1）手提式灭火器宜设置在灭火器箱内或挂钩、托架上，其顶部离地面高度不应大于1.50m；底部离地面高度不宜小于0.08m。对于地面铺设大理石、地板或地毯、环境干燥、洁净的建筑场所，手提式灭火器可直接放置在地面上。

2）灭火器箱不应被遮挡、上锁或拴系。

3）灭火器箱的箱门开启应方便灵活，其箱门开启后不得阻挡人员安全疏散。

4）嵌墙式灭火器箱及挂钩、托架的安装高度应满足手提式灭火器顶部与地面距离的要求。

3. 推车式灭火器的安装设置

1）推车式灭火器宜设置在平坦场地，不得设置在台阶上。

2）推车式灭火器的设置和防止自行滑动的固定措施等均不得影响其操作使用和正常行驶移动。

三、灭火器检查与维护

灭火器的检查

（一）灭火器检查与维护要求

1）灭火器的检查与维护应由相关技术人员承担。

2）每次送修的灭火器数量不得超过计算单元配置灭火器总数量的25%。

3）检查或维修后的灭火器均应按原设置点位置摆放。

4）灭火器的维修、报废工作应由灭火器生产企业或专业维修单位进行。

（二）灭火器的有效性检查内容

1）检查灭火器是否过期。

2）检查标识是否清晰。

3）检查铅封是否完整。

4）检查压力表指针是否在绿色区域范围内。

5）检查灭火器可见部位防腐层（底部）是否完好，无锈蚀。

6）检查灭火器可见零部件是否完整，无松动、变形、锈蚀和损坏。

7）检查喷嘴与喷射软管是否完整、无堵塞。

常见灭火器隐患如图 10-8 所示。

a) 灭火器指针在红区，压力过低

b) 灭火器被遮挡，不方便取用

c) 灭火器锈蚀严重

图 10-8　常见灭火器隐患

（三）灭火器检测

1）手提式灭火器检测表见表 10-12。

表 10-12　手提式灭火器检测表

序号	检测项	重要等级	检测标准（规范要求）	检测点数	不合格点数
1	筒体外观	A	筒体无明显锈蚀和凹凸损伤，手柄、插销、铅封、压力表等组件齐全、完好，型号、标识清晰、完整		
2	灭火器设置及类型选择	A	高层住宅建筑的公共部位和公共建筑内应设置灭火器；厂房、仓库、储罐（区）和堆场，灭火器类型选择应符合规范及设计要求		

（续）

序号	检测项	重要等级	检测标准（规范要求）	检测点数	不合格点数
3	配置数量	C	按设计或规范要求		
4	设置地点	C	应设置在明显和便于取用的地点		
5	充装压力	A	压力表指针应在绿色区域范围内		
6	永久性标志	A	灭火器应有铭牌贴在筒体上或印刷在筒体上		
7	有效期（化学泡沫）	A	灭火器从出厂日期算起，达到6年的，必须报废		
8	有效期（酸碱）	A	灭火器从出厂日期算起，达到6年的，必须报废		
9	有效期（清水）	A	灭火器从出厂日期算起，达到6年的，必须报废		
10	有效期（二氧化碳型灭火器和储气瓶）	A	灭火器从出厂日期算起，达到12年的，必须报废		
11	有效期（储压式干粉）	A	灭火器从出厂日期算起，达到10年的，必须报废		
12	有效期（洁净气体）	A	灭火器从出厂日期算起，达到10年的，必须报废		
13	有效期（二氧化碳）	A	灭火器从出厂日期算起，达到12年的，必须报废		
14	最大保护距离（A类严重危险级）	C	任一着火点到最近灭火器设置点的最大保护距离不应大于15m		
15	最大保护距离（A类中危险级）	C	任一着火点到最近灭火器设置点的最大保护距离不应大于20m		
16	最大保护距离（A类轻危险级）	C	任一着火点到最近灭火器设置点的最大保护距离不应大于25m		
17	最大保护距离（B、C类严重危险级）	C	任一着火点到最近灭火器设置点的最大保护距离不应大于9m		
18	最大保护距离（B、C类中危险级）	C	任一着火点到最近灭火器设置点的最大保护距离不应大于12m		
19	最大保护距离（B、C类轻危险级）	C	任一着火点到最近灭火器设置点的最大保护距离不应大于15m		

2）推车式灭火器检测表见表10-13。

表10-13　推车式灭火器检测表

序号	检测项	重要等级	检测标准（规范要求）	检测点数	不合格点数
1	外观质量	A	筒体无明显锈蚀和损伤；组件齐全、完好；型号、标识清晰、完整		

（续）

序号	检测项	重要等级	检测标准（规范要求）	检测点数	不合格点数
2	灭火器设置及类型选择	A	高层住宅建筑的公共部位和公共建筑内应设置灭火器；厂房、仓库、储罐（区）和堆场，灭火器类型选择应符合规范及设计要求		
3	配置数量	C	应符合规范及设计要求		
4	设置地点	B	应设置在明显和便于取用的地点		
5	充装压力	A	压力表指针应在绿色区域范围内		
6	永久性标志	A	灭火器应有铭牌贴在筒体上或印刷在筒体上		
7	有效期（化学泡沫）	A	灭火器从出厂日期算起，达到6年的，必须报废		
8	有效期（贮气瓶式干粉）	A	灭火器从出厂日期算起，达到12年的，必须报废		
9	有效期（贮压式干粉）	A	灭火器从出厂日期算起，达到10年的，必须报废		
10	有效期（洁净气体）	A	灭火器从出厂日期算起，达到10年的，必须报废		
11	有效期（二氧化碳）	A	灭火器从出厂日期算起，达到12年的，必须报废		
12	行驶机构	B	应使一个人能容易地在坡度为2%以内的地面上推（拉）行		
13	最大保护距离（A类严重危险级）	C	任一着火点到最近灭火器设置点的最大保护距离不应大于30m		
14	最大保护距离（A类中危险级）	C	任一着火点到最近灭火器设置点的最大保护距离不应大于40m		
15	最大保护距离（A类轻危险级）	C	任一着火点到最近灭火器设置点的最大保护距离不应大于50m		
16	最大保护距离（B、C类严重危险级）	C	任一着火点到最近灭火器设置点的最大保护距离不应大于18m		
17	最大保护距离（B、C类中危险级）	C	任一着火点到最近灭火器设置点的最大保护距离不应大于24m		
18	最大保护距离（B、C类轻危险级）	C	任一着火点到最近灭火器设置点的最大保护距离不应大于30m		

四、灭火器报废

1）应报废与淘汰灭火器的类型。酸碱型、化学泡沫型、倒置使用型、氯溴甲烷与四氯化碳型灭火器，以及国家政策明令淘汰的灭火器。

2）有下列情况之一的灭火器应报废。

① 筒体严重锈蚀，锈蚀面积大于或等于筒体总面积的1/3，表面有凹坑。

② 筒体明显变形，机械损伤严重。

③ 瓶头阀存在裂纹，无泄压机构。

④ 筒体为平底等不合理结构。

⑤ 没有间歇喷射机构的手提式灭火器。

⑥ 没有生产厂家名称和出厂年月的灭火器，包括铭牌脱落，或虽有铭牌，但已看不清生产厂家名称，或出厂年月钢印无法识别等情况。

⑦ 筒体有锡焊、铜焊或补缀等修补痕迹；被火烧过。

3）超过使用寿命周期的灭火器应该报废，即灭火器出厂时间达到或超过表10-14规定的报废期限时应报废。

表10-14　灭火器的维修与报废期限

灭火器类型		维修期限	报废期限/年
水型灭火器	手提式水型灭火器	出厂日期满3年；首次维修以后每满1年	6
	推车式水型灭火器		
干粉型灭火器	手提式（贮压式）干粉型灭火器	出厂日期满5年；首次维修以后每满2年	10
	手提式（贮气瓶式）干粉型灭火器		
	推车式（贮压式）干粉型灭火器		
	推车式（贮气瓶式）干粉型灭火器		
洁净气体型灭火器	手提式洁净气体型灭火器		
	推车式洁净气体型灭火器		
二氧化碳型灭火器	手提式二氧化碳型灭火器		12
	推车式二氧化碳型灭火器		

4）应报废的灭火器或贮气瓶，必须在筒身或瓶体上打孔，并且用不干胶贴上“报废”的明显标志，内容应包括：“报废”二字，字体最小为25mm×25mm；报废年、月；维修单位名称；检验员签章等。

5）灭火器报废后，应按照等效替代的原则进行更换。

评价反馈

对灭火器配置与维护的评价反馈见表10-15（分小组布置任务）。

表10-15　对灭火器配置与维护的评价反馈

序号	检测项目	评价任务及权重	自评	小组互评	教师评价
1	灭火器配置的正确性	灭火器配置是否正确，1项不正确扣5分（共20分）			
2	灭火器使用的正确性	灭火器使用是否正确，1项不正确扣5分（共30分）			

（续）

序号	检测项目	评价任务及权重	自评	小组互评	教师评价
3	灭火器选型的正确性	灭火器选型是否正确，1 项不正确扣 5 分（共 30 分）			
4	完成时间	规定时间内没完成者，每超过 2min 扣 2 分（共 10 分）			
5	工作纪律和态度	团队协作能力差，不爱护设备和环境，纪律差者，酌情扣 5 ~ 10 分（共 10 分）			
任务总评	优(90 ~ 100)□　良(80 ~ 90)□　中(70 ~ 80)□　合格(60 ~ 70)□　不合格(小于 60)□				

参考文献

[1] 应急管理部消防救援局. 消防安全技术实务［M］. 北京：中国人事出版社，2020.
[2] 谢中朋. 消防工程［M］. 北京：化学工业出版社，2011.
[3] 石敬炜. 建筑消防工程设计与施工手册［M］. 2版. 北京：化学工业出版社，2019.
[4] 姜迪宁. 消防安全系统检查评估［M］. 北京：化学工业出版社，2011.
[5] 阳富强. 建筑防火课程设计［M］. 北京：化学工业出版社，2018.
[6] 王三忧，金湖庭. 建筑消防系统的设计安装与调试［M］. 北京：电子工业出版社，2020.
[7] 侯洪涛. 建筑安全消防检测技术［M］. 北京：化学工业出版社，2020.
[8] 侯耀华，王怀富，南志鸳，等. 建筑消防给水和灭火设施［M］. 北京：化学工业出版社，2020.
[9] 傅英栋. 建筑消防设施综合分析与拓展［M］. 郑州：河南人民出版社，2018.
[10] 郭树林. 电气消防实用技术手册［M］. 北京：中国电力出版社，2018.
[11] 孙景芝，韩永学. 电气消防［M］. 3版. 北京：中国建筑工业出版社，2016.
[12] 曹富强. 高层建筑火灾扑救难点及火场供水对策分析［J］. 消防界（电子版），2021，7（01）：94-96.
[13] 傅玮. 高层建筑火灾预防和治理的探讨［J］. 四川水泥，2021（01）：325-326.
[14] 中国消防协会. 消防设施操作员（中级）［M］. 北京：中国劳动社会保障出版社，2020.
[15] 徐志胜，姜学鹏. 防排烟工程［M］. 北京：机械工业出版社，2021.